U0332043

株洲市常见野生动物图鉴

A Photographic Guide to the Common Wildlife of ZhuZhou

◎ 廖常乐 编著

编 写 单 位：株洲市林业科学研究所
株洲市和景林业规划设计有限公司

中南大学出版社
www.csupress.com.cn

图书在版编目(CIP)数据

株洲市常见野生动物图鉴 / 廖常乐编著. —长沙：中南大学出版社，2022. 2

ISBN 978-7-5487-4343-9

Ⅰ. ①株… Ⅱ. ①廖… Ⅲ. ①野生动物—株洲—图集 Ⅳ. ①Q958. 526. 43-64

中国版本图书馆 CIP 数据核字(2021)第 212462 号

株洲市常见野生动物图鉴

ZHUZHOUSHI CHANGJIAN YESHENG DONGWU TUJIAN

廖常乐　编著

□出 版 人　吴湘华
□责任编辑　谢贵良　梁　甜　张　倩
□责任印制　唐　曦
□出版发行　中南大学出版社
　　社址：长沙市麓山南路　　邮编：410083
　　发行科电话：0731-88876770　　传真：0731-88710482
□印　　装　湖南省众鑫印务有限公司

□开　　本　889 mm×1194 mm　1/32　□印张 12. 25　□字数 410 千字
□版　　次　2022 年 2 月第 1 版　□印次 2022 年 2 月第 1 次印刷
□书　　号　ISBN 978-7-5487-4343-9
□定　　价　98. 00 元

前　言

株洲市位于湖南省东部，地处罗霄山脉西麓，南岭山脉至江汉平原的倾斜地段上，独特的地理区位及生态环境，孕育出了株洲丰富的生物多样性。近年来，在“生态优先、绿色发展”理念指导下，通过绿地恢复、生态涵养带和公园建设，株洲市先后获得了“国家森林城市”“国家园林城市”“国家绿化城市”等一系列称号，生态环境逐步改善，野生动物赖以生存的栖息地得以修复和扩大，城市中的绿地、湿地、湘江水系及城郊山林、农田、鱼塘等都为野生动物提供了栖息繁衍的生态环境。

近些年，随着株洲市生态环境质量的提高，以前不常发现的野生动物逐渐出现在市民视野，身边的朋友经常会拿着一些特别的动物照片来咨询我，渔友们也经常拿着自己叫不出名字的“战利品”向我炫耀，我都会向他们一一答复这是什么动物。天上飞的靠声波定位的蝙蝠，在树上产卵的树蛙，繁殖季节会跳舞的斗鱼，这些有趣的动物行为常常使他们听得饶有兴趣。我发现身边许多人对自然充满着好奇与求知欲，于是我打定主意，写一本关于株洲市常见野生动物的图鉴，让人们了解身边的动物，爱护株洲的生态环境。

本书收录了株洲市区及市郊常见的200多种野生动物，包括鱼类44种，两栖类14种，爬行类19种，鸟类115种，哺乳类类13种，介绍了其主要识别特征、生态习性、分布与种群资源情况。它们是株洲宜居城市的见证者，也是城市生态系统的参与者。希望通过这本书，能让读者在闲暇之余放慢脚步，看看身边这些五彩斑斓的精灵，感受株洲城市的自然之美，又或是当膝下孩子在拉扯着你衣角，问你这是什么动物的时候，你能给他讲解一段生动有趣的故事。

诚望专家、读者提出宝贵的意见和良好的建议。

廖常乐

2021年8月13日

序言
Introduction

大自然馈赠，人类的朋友

野生动物是重要的自然资源，是美丽中国的重要元素，是生态文明建设的基础工作。党的十八大以来，在以习近平同志为核心的党中央坚强领导下，在习近平生态文明思想指引下，中国人民凝心聚力，深谋长远大计，牢固树立尊重自然、顺应自然、保护自然的生态文明理念，坚持在发展中保护，在保护中发展，坚定不移走绿色发展之路，不断统筹山水林田湖草沙系统治理，我国生态环境日益改善，生物多样性明显改观，人与自然和谐共生的美丽中国蓝图，正在中华大地上徐徐展开。

中共中央办公厅、国务院办公厅公布《关于全面推行林长制的意见》，提出确保到2022年6月全面建立林长制，这是继河长制、湖长制之后，又一生态文明实践，意味着我国所有的森林草原资源也即将拥有专属守护者，越来越多的野生动植物将得到更好地保护。今年2月，国家林业和草原局、农业农村部联合发布公告，公布新调整的《国家重点保护野生动物名录》，列入野生动物980种，新增517种（类），更加体现了国家保护野生动物的恒心和力度。

株洲山水资源丰富，自然生态良好，是野生动物生存的“美好家园”。近年来，株洲市委、市政府在主导经济社会转型发展的过程中，切实把“两山”理念蕴含的治理优势转化为治理效能，成功创建了全国文明城市、国家卫生城市、全国优秀旅游城市、国家园林城市、国家森林城市、全国水生态文明城市，荣获“中国绿水青山典范城市”称号。林业部门立足株洲森林资源现状，统筹推进生态保护、生态提质、生态惠民，突出自然保护地等重点区域保护、建设，森林生态环境得到空前改善，尤其是去年全面禁食野生动物、禁食野生动物退养等政策推行和落实，野生动物资源得到了有效保护。

《株洲常见野生动物图鉴》一书记录了株洲205种常见野生动物，并以图文并茂的形式呈现给大家，十分可贵。该书还介绍了每种动物的形态特征、种群与分布情况，详细记录了它们的分类地位与保护级别，充分体现了作者的专业和用心。我相信，该书不仅能成为自然爱好者的科普读物，也能在普及野生动物知识，为野生动物监测、研究和保护等方面提供重要参考。

株洲市林业局党组书记、局长

2021年8月15日

欣闻《株洲市常见野生动物图鉴》即将付梓，特表衷心祝贺！

湖南省是我国生物多样性不可替代的关键地带，我省武陵山地、南岭山地、洞庭湖3个区域位列我国划定的35个生物多样性保护优先区域中，而株洲市位于罗霄山脉西麓、南岭山脉至江汉平原的倾斜地段上，其南部正好处于生物多样性优先区域中。株洲市总的地势为东南高、西北低，中北部地形岭谷相间，盆地呈带状展布，东南部均为山地，炎陵县神农峰海拔2115.2米，为湖南省第一高峰。所以，无论从海拔区间还是地理区位，株洲市在生物多样性丰富度上都有着得天独厚的优势。

此前株洲市野生动物调查的研究多集中于罗霄山脉等自然保护地内，对株洲市城区及近郊地区的野生动物调查鲜有报道，而城市野生动物是城市生态系统的重要组成部分，对维持城市生态系统平衡具有重要意义。

《株洲市常见野生动物图鉴》共收录了205种常见野生动物，该书很好地补充了株洲市生物多样性的本底资料，通过精美的照片展示物种的形态特征，体现野生动物的“野性”与“美感”，是自然爱好者鉴别野外物种的实用工具书。同时，该书图文并茂，简明易懂，很适合广大市民以及在校中小学生作为自然科普书使用，有利于提高公众对野生动物的保护意识，创造人与自然和谐发展的良好社会氛围。

因此，我很高兴看到《株洲市常见野生动物图鉴》即将面向公众，既包括典型的城市居留物种，又有来自野外栖息的物种，反映了城市发展过程中野生动物与人类共栖共存的时代景象，可促进为株洲市野生动物资源的保护、宣传和研究。作为湖南省第一部市级的野生动物图鉴，一本适合于大众阅读的野生动物野外识别书籍，我很乐意向大家推荐。

中南林业科技大学二级教授
湖南省动物学会副理事长
2021年8月29日

如果没有了动物，

我们的生活是多么单调，

是多么枯燥无味啊！

和
谐
的
自
然

目录
Contents

鱼类 / Fishes

两栖类 / Amphibians

鱼类
Fishes

dà yǎn huá biān 大眼华鳊

lǐ xíng mù 鲤形目

lǐ kē 鲤科

· *Sinibrama macrops*

腹棱为半棱，眼大，侧线在胸鳍上方缓和下弯，侧线鳞54~60枚，在水域中下层活动。株洲分布：湘江。种群数量较多，为株洲市常见鱼类。

廖常乐

bīan

鳊

lǐ xíng mù
鲤形目
lǐ kē
鲤 科

无危/LC

• *Parabramis pekinensis*

鳊体高且扁，腹棱为全棱，体背青灰色，腹部银白色，侧线鳞52~61枚，栖息于水体中下层，幼鱼吃浮游动物，成鱼以植物为食，株洲分布：湘江。种群数量较少，为株洲市偶见鱼类。

廖常乐

zhōng huá yín piāo yú

中华银飘鱼

lǐ xíng mù
鲤形目
lǐ kē
鲤 科

无危/LC

• ***Pseudolaubuca sinensis***

中华银飘鱼体型长且极为薄扁，腹棱为全棱，侧线鳞62~72枚，侧线在胸鳍后部突然弯折，栖息于水体表层，集群生活，杂食性。株洲分布：湘江。种群数量较多，为株洲市常见鱼类。

廖常乐

cān
鰲 | 鲤形目 鲤科

lǐ xíng mù / lǐ kē

无危/LC

· *Hemiculter leucisculus*

腹棱为全棱，侧线鳞49~52枚，侧线在胸鳍后部突然弯折，栖息于水体上层，喜集群，杂食性。株洲分布：湘江、大京水库、神农公园。种群数量较多，为株洲市常见鱼类。

廖常乐

鲂 fáng

鲤形目 lǐ xíng mù
鲤科 lǐ kē

无危/LC

· *Megalobrama skolkovii*

体高且扁，腹棱为半棱，上下颌角质发达，侧线鳞53~58枚，栖息于水体中下层，杂食性，幼体以淡水壳菜为食，成鱼以水生植物为食。株洲分布：湘江敞水区域。种群数量较少，为株洲市偶见鱼类。

📷 廖常乐

qiào zuǐ bó

翘嘴鲌

lǐ xíng mù
鲤形目
lǐ kē
鲤 科

无危/LC

· *Culter alburnus*

腹棱为半棱，口上位，口裂与身体纵轴垂直，头部、体背部几乎水平，侧线鳞80~92枚。生活在水体中上层，个体较大，肉食性，捕食其他鱼类。株洲分布：湘江、渌江。种群数量较多，为株洲市常见鱼类。

廖常乐

达氏鲌（dá shì bó）｜鲤形目（lǐ xíng mù） 鲤科（lǐ kē）

无危/LC

• *Culter dabryi*

俗名青稍，体侧扁，弓背，腹棱为半棱，侧线鳞64~70枚。栖息于水体中下层，肉食性。株洲分布：湘江、东湖公园。种群数量较多，为株洲市常见鱼类。

廖常乐

méng gǔ bó

蒙古鲌

lǐ xíng mù
鲤形目
lǐ kē
鲤 科

无危/LC

• *Culter mongolicus*

腹棱为半棱，自腹鳍基部至肛门前，尾鳍下部橙红色，侧线鳞69~77枚。栖息于水流缓慢的河湾，湖泊中上层，性凶猛，捕食小鱼、虾。株洲分布：湘江、渌江。种群数量较多，为株洲市常见鱼类。

廖常乐

似鳊（sì biān）

鲤形目（lǐ xíng mù）
鲤科（lǐ kē）

• *Pseudobrama simoni*

腹棱为半棱，侧线鳞42~45枚，小型鱼类，栖息于水体底层，食性杂，有逆流而上繁殖的特性，又有逆鱼之称。株洲分布：湘江。种群数量较多，为株洲市常见鱼类。

廖常乐

huáng wěi gù

黄尾鲴

lǐ xíng mù
鲤形目
lǐ kē
鲤 科

• *Xenocypris davidi*

口小，肛门前有一小段不明显的腹棱，侧线鳞63~66枚，尾鳍黄色。栖息于宽阔水体下层，以植物为食。株洲分布：湘江。种群数量较多，为株洲市常见鱼类。

📷 廖常乐

大鳞鲴（dà lín gù）

鲤形目（lǐ xíng mù）
鲤科（lǐ kē）

无危/LC

· *Xenocypris macrolepis*

口小，下位，肛门前有段不明显的腹棱，侧线完全，侧线鳞53~64枚，栖息于水体中下层，以植物为食。株洲分布：湘江。种群数量较多，为株洲市常见鱼类。

廖常乐

yuán wěn gù

圆吻鲴

lǐ xíng mù
鲤形目
lǐ kē
鲤 科

• *Distoechodon tumirostris*

口裂极宽，几乎与头同宽，下颌角质发达，无腹棱或者仅肛门前有不明显腹棱，侧线鳞75~82枚。栖息于水体中下层，以植物为食。株洲分布：湘江。种群数量较少，为株洲市偶见鱼类。

廖常乐

mǎ kǒu yú 马口鱼

lǐ xíng mù 鲤形目
lǐ kē 鲤科

无危/LC

• *Opsariichthys bidens*

口大，下颌前端突出，上下颌呈"W"状，互为吻合，无腹棱，侧线鳞39~47枚。栖息于江河溪流水质较好的水体上层，食肉性。株洲分布：湘江、市郊溪流。种群数量较少，为株洲市偶见鱼类。

廖常乐

qīng yú

青鱼

lǐ xíng mù
鲤形目
lǐ kē
鲤 科

无危/LC

· *Mylopharyngodon piceus*

四大家鱼之一，体长，无腹棱，背部颜色较深，腹部灰白，各鳍均呈黑色，侧线鳞39~44枚。栖息于江河、湖泊、水库中下层。主要摄食水中的软体动物螺类，也食虾类、昆虫幼虫。株洲分布：湘江、水库、各养殖池塘。种群数量较少，为株洲市偶见鱼类。

📷李 鸿

cǎo yú

草鱼

lǐ xíng mù
鲤形目
lǐ kē
鲤 科

无危/LC

• *Ctenopharyngodon idella*

四大家鱼之一，体长，无腹棱，身体呈茶黄色，侧线鳞38~44枚。栖息于水体中下层。主要摄食水草。株洲分布：湘江、水库、各养殖池塘。种群数量较多，为株洲市常见鱼类。

李 鸿

chì yǎn zūn

赤眼鳟

lǐ xíng mù
鲤形目
lǐ kē
鲤 科

无危/LC

· *Squaliobarbus curriculus*

体粗壮，无腹棱，侧线鳞41～47枚，口裂宽，有2对细小的须，眼上部为红色，由此得名，栖息于水流缓慢水域的中下层，杂食性。株洲分布：湘江、水库。种群数量较少，为株洲市偶见鱼类。

📷李 鸿

gǎn 鳡

lǐ xíng mù
鲤形目
lǐ kē
鲤 科

近危/NT

· *Elopichthys bambusa*

鳡为大型凶猛的鱼类，体长，背缘平直，头锥形，吻尖，鳞细，侧线鳞103~116枚。栖息于水体中上层，肉食性，以小型鱼类为食。株洲分布：湘江。种群数量较少，为株洲市罕见鱼类。

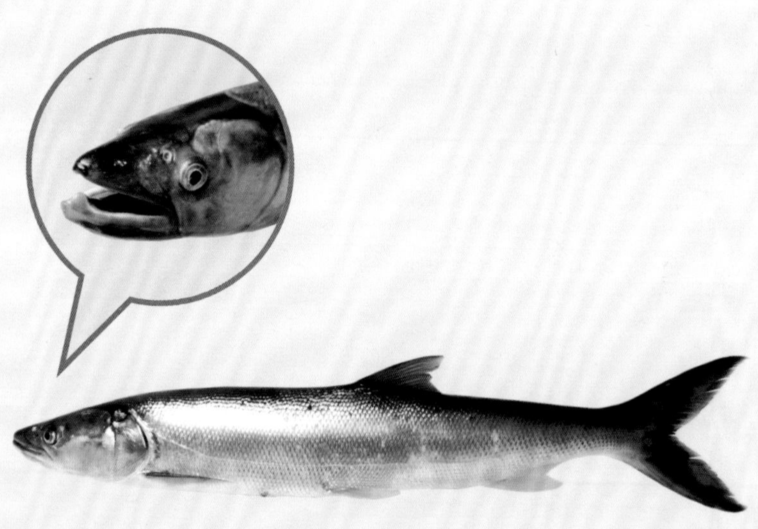

廖常乐

gāo tǐ páng pí

高体鳑鲏

lǐ xíng mù
鲤形目
lǐ kē
鲤 科

无危/LC

• *Rhodeus ocellatus*

体薄扁，吻钝，侧线不完全，雄鱼繁殖季节颜色鲜艳，比较醒目的特征就是腹鳍边缘的白边，栖息于多水草的水塘或者水流较缓溪流、水库中，杂食性，繁殖季节，雌鱼利用延长的产卵管，将卵产在河蚌内，受精卵在河蚌内孵化。株洲分布：东湖公园、神农公园、文化园等静水水塘，市郊流速缓慢的小溪内也有分布。种群数量较多，为株洲市常见鱼类。

雄鱼

雌鱼

廖常乐

zhōng huá páng pí

中华鳑鲏

lǐ xíng mù
鲤形目
lǐ kē
鲤 科

· *Rhodeus sinensis*

体薄扁，吻钝，侧线不完全，雄鱼繁殖季节颜色鲜艳，腹部黄黑色，臀鳍下缘有黑、红两条纹路，背鳍上缘淡红色，雌鱼背鳍前缘有一黑斑。中华鳑鲏在水质干净的大湖泊，溪流下游均可发现，习惯成群活动，胆子非常大。株洲分布：大京水库、溪流。种群数量较多，为株洲市常见鱼类。

廖常乐

lián

鲢

lǐ xíng mù
鲤形目
lǐ kē
鲤 科

无危/LC

· *Hypophthalmichthys molitrix*

四大家鱼之一，体侧扁，身体银白色，性活跃，侧线鳞91~120枚。栖息于水体中上层，主要以浮游植物为食。株洲分布：湘江、渌江、水库、各人工养殖池塘。种群数量较多，为株洲市常见鱼类。

李 鸿

yōng

鳙

lǐ xíng mù
鲤形目
lǐ kē
鲤 科

无危/LC

· *Aristichthys nobilis*

四大家鱼之一，体侧扁，头大，背部体黑，两侧密布不规则的黑色斑点，性温顺，行动迟缓，侧线鳞91~108枚。栖息于水体中上层，主要食浮游动物。株洲分布：湘江、渌江、水库、各人工养殖池塘。种群数量较多，为株洲市常见鱼类。

廖常乐

mài suì yú 麦穗鱼

lǐ xíng mù 鲤形目
lǐ kē 鲤 科

无危/LC

• *Pseudorasbora parva*

小型鱼类，头小，口上位，侧线鳞34~38枚。喜成群在静水或是缓流水域活动，适应力极强，杂食性。株洲分布：东湖公园、神农公园、文化园等静水水塘，市郊流速缓慢的小溪内也有分布。种群数量较多，为株洲市常见鱼类。

廖常乐

hēi qí quán 黑鳍鳈

lǐ xíng mù 鲤形目
lǐ kē 鲤科

· *Sarcocheilichthys nigripinnis*

口小、下位，体侧分布有不规则的黑色斑纹，鱼鳍黑色，繁殖季节头为红色，侧线鳞37~40枚。栖息于水体底层，静水水域或水质较好的小河中，杂食性。株洲分布：东湖公园。种群数量较少，为株洲市偶见鱼类。

繁殖期

📷 廖常乐

huá quán 华鳈

lǐ xíng mù 鲤形目
lǐ kē 鲤 科

无危/LC

· *Sarcocheilichthys sinensis*

体侧有4条较宽的黑色纵斑，形成黑黄相间的斑纹，颜色艳丽，各鳍灰黑色，侧线鳞40~42枚，栖息于水体中下层，杂食性，以无脊椎动物和植物碎屑为食。株洲分布：湘江缓水水域。种群数量较少，为株洲市偶见鱼类。

廖常乐

bàng huā yú 棒花鱼

lǐ xíng mù 鲤形目
lǐ kē 鲤科

无危/LC

· *Abbottina rivularis*

鼻孔前有明显凹陷，口下位，有一对须，沿着侧线有一串黑色的圆形斑纹，侧线鳞35~39枚。栖息于河湾水域底层，雄鱼有筑巢、护巢习性，肉食性，摄食各种甲壳类、桡足类、枝角类生物。株洲分布：湘江、溪流。种群数量较少，为株洲市偶见鱼类。

廖常乐

shé jū 蛇鮈

lǐ xíng mù 鲤形目
lǐ kē 鲤 科

无危/LC

· *Saurogobio dabryi*

体较长，唇厚，具乳突，口角须一对，侧线鳞47~50枚。栖息于水底中下层，主食底栖无脊椎动物，亦食少量水草、藻类等，有集群产卵习性，卵漂流性。株洲分布：湘江、渌江。种群数量较少，为株洲市偶见鱼类。

廖常乐

银鮈 | 鲤形目 鲤科

yín jū | lǐ xíng mù / lǐ kē

无危/LC

· *Squalidus argentatus*

体型粗壮，口下位，有一对须，侧线鳞39~42枚，栖息于水体中下层，主要以水生昆虫、藻类和水生植物为食。株洲分布：湘江。种群数量较多，为株洲市常见鱼类。

📷 廖常乐

鲫（jì）

鲤形目（lǐ xíng mù）
鲤科（lǐ kē）

无危/LC

· *Carassius auratus*

体型粗壮，侧线鳞27~30枚，适应性极强，各种水域中均有分布。株洲分布：湘江、各公园、池塘、河流、溪流。种群数量较多，为株洲市常见鱼类。

廖常乐

lǐ

鲤

lǐ xíng mù
鲤形目
lǐ kē
鲤 科

无危/LC

· *Cyprinus carpio*

有两对须，体粗壮，侧线鳞32~40枚，适应性极强，各种水域中均有其分布，喜栖息于水体底层。株洲分布：湘江、各公园、池塘、河流、溪流。种群数量较多，为株洲市常见鱼类。

廖常乐

nǐ qiū

泥鳅 | 鲤形目 花鳅科

lǐ xíng mù / huā qiū kē

无危/LC

· *Misgurnus anguillicaudatus*

须5对，侧线不完全，尾柄基上侧具有一个明显的黑斑。适应能力强，一般生活在池塘、稻田、沟渠等静水环境中。株洲分布：文化园、市郊鱼塘、农田、水渠。种群数量较多，为株洲市常见鱼类。

廖常乐

huā bān fù shā qiū

花斑副沙鳅

lǐ xíng mù
鲤形目
shā qiū kē
沙鳅科

中国特有种

无危/LC

· *Parabotia fasciata*

须3对，侧线完全，吻端至眼间有4条黑色纹路，身体两侧数条深色纵纹，使身体黄黑相间。栖息于水体底层，以昆虫、藻类为食。株洲分布：湘江支岔缓流处。种群数量极少，为株洲市罕见鱼类。

廖常乐

huáng sǎng yú

黄颡鱼

nián xíng mù
鲇形目
cháng kē
鲿 科

无危/LC

• *Pseudobagrus fulvidraco*

黄颡鱼俗称“黄鸭叫”，体型粗壮，须4对，侧线完全，栖息于水体底层。株洲分布：湘江支岔缓流处、大京水库、市郊溪流。种群数量较多，为株洲市常见鱼类。

廖常乐

dà qí bàn cháng 大鳍半鲿 | nián xíng mù 鲇形目 cháng kē 鲿科

• *Hemibagrus macropterus*

大鳍半鲿俗称“牛尾巴”，体型细长，须4对，颌须较长，侧线完全，栖息于水体底层，善钻洞。株洲分布：湘江支岔缓流处。种群数量较少，为株洲市偶见鱼类。

廖常乐

huáng shàn

黄鳝

hé sāi yú mù
合鳃鱼目
hé sāi yú kē
合鳃鱼科

无危/LC

· *Monopterus albus*

体圆而细长，无鳍条，体滑无鳞，常栖息于稻田、池塘、沟渠等淤泥水底，昼伏夜出，肉食性。最特别的是黄鳝有性逆转特征，即第一次性成熟前均为雌性，产卵后，卵巢变成精巢，逐渐变为雄性。株洲分布：城市各公园水塘、市郊鱼塘、农田、水渠。种群数量较多，为株洲市常见鱼类。

廖常乐

zhōng huá cì qiū

中华刺鳅

hé sāi yú mù
合鳃鱼目
cì qiū kē
刺鳅科

· *Sinobdella sinensis*

体型似鳗鱼，头体均侧扁，吻端有两根管状吻突，无侧线，体侧有黄黑相间的条纹，肉食性，栖息于多水草的浅水区。株洲分布：湘江支岔缓流处，大京水库。种群数量较少，为株洲市偶见鱼类。

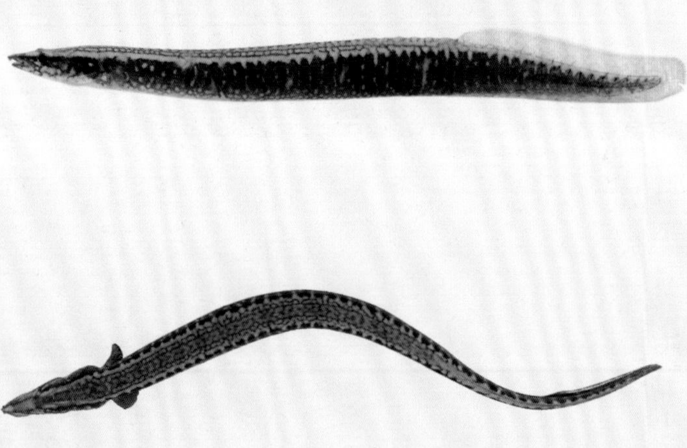

廖常乐

dà yǎn guì
大眼鳜

lú xíng mù
鲈形目
guì kē
鳜 科

无危/LC

Siniperca knerii

下颌突出于上颌，体背黄褐色，头部两侧各有一条贯穿眼的黑色带纹，栖息于流水环境，单独活动，肉食性，以鱼虾为食。株洲分布：湘江。种群数量较少，为株洲市偶见鱼类。

廖常乐

bān guì

斑鳜

lú xíng mù
鲈形目
guì kē
鳜 科

无危/LC

· *Siniperca scherzeri*

身体长而侧扁，口并拢时，下颌前端齿部分外露，侧面有豹纹斑块，侧线鳞113~118枚，栖息于水流中下层，肉食性，性凶猛。株洲分布：湘江、渌江。种群数量较多，为株洲市常见鱼类。

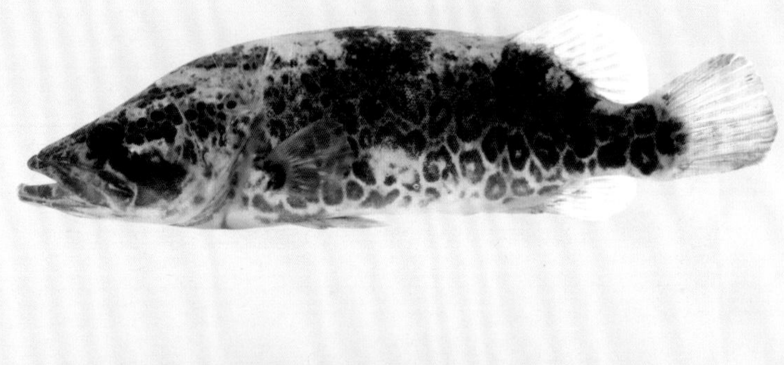

📷 廖常乐

zhōng huá shā táng lǐ

中华沙塘鳢

xiā hǔ mù
虾虎目
shā táng lǐ kē
沙塘鳢科

中国特有种

无危/LC

· *Odontobutis sinensis*

体粗壮，头宽，胸鳍圆宽，体黑青色，栖息于水体底层，行动缓慢，肉食性。株洲分布：湘江、溪流。种群数量较少，为株洲市偶见鱼类。

廖常乐

xiǎo huáng yǒu yú

小黄黝鱼

xiā hǔ mù
虾虎目
shā táng lǐ kē
沙塘鳢科

无危/LC

· *Micropercops swinhonis*

体小，侧扁，无侧线，体黄褐色，体侧有10多条褐色条纹，栖息于水体底层，肉食性，喜食昆虫幼虫及小虾。株洲分布：水库、湘江。种群数量较少，为株洲市偶见鱼类。

廖常乐

zǐ líng wěn xiā hǔ yú

子陵吻虾虎鱼

xiā hǔ mù
虾虎目
xiā hǔ yú kē
虾虎鱼科

· *Rhinogobius giurinus*

体型近圆筒形，吻宽，颊部及鳃盖布有条状斑纹，体侧有6~7块不规则黑斑，栖息于水体底层，肉食性。株洲分布：湘江、各公园、池塘、河流、溪流。种群数量较多，为株洲市常见鱼类。

廖常乐

chā wěi dòu yú

叉尾斗鱼

pān lú mù
攀鲈目
sī zú lú kē
丝足鲈科

• 湖南省级保护 近危/NT

• *Macropodus opercularis*

体侧扁，无侧线，体侧有红绿相间的条纹，非常艳丽，鳃盖后缘有一个深蓝色圆斑，栖息于水体中下层，杂食性，雄鱼有护卵行为。株洲分布：湘江、各公园、池塘、河流、溪流。种群数量较少，为株洲市偶见鱼类。

雄性成体

廖常乐

月鳢 yuè lǐ

攀鲈目 pān lú mù
鳢科 lǐ kē

• 湖南省级保护 无危/LC

• *Channa asiatica*

体直长呈棒状，头部宽扁，口大，全身被鳞，侧线鳞53~58枚，背鳍与臀鳍发达，体侧有8~9条“<”形黑色横斑，身体布满黄白色的斑点，栖息于水体中下层，有上鳃器，可以直接浮上水面呼吸，缺氧水域也可以生活，肉食性。株洲分布：市郊溪流、沼泽中。种群数量极少，为株洲市罕见鱼类。

廖常乐

bān lǐ 斑鳢

pān lú mù 攀鲈目
lǐ kē 鳢 科

无危/LC

· *Channa maculata*

体型与月鳢相似，头略尖，体侧有不规则的黑斑两行，侧线鳞52~58枚，栖息于水体底层，耐低氧，肉食性。株洲分布：湘江、大京水库、鱼塘。种群数量较少，为株洲市偶见鱼类。

📷 廖常乐

shí wén jiāng

食蚊鳉

jiāng xíng mù
鳉形目
tāi jiāng kē
胎鳉科

无危/LC

· *Gambusia affinis*

头扁平，腹部大，口上位，腹部两侧各有一暗色斑纹，为卵胎生鱼类，外来物种。栖息于水体表层，以动物性食物为主。株洲分布：湘江、各公园、池塘、河流、溪流。种群数量较多，为株洲市常见鱼类。

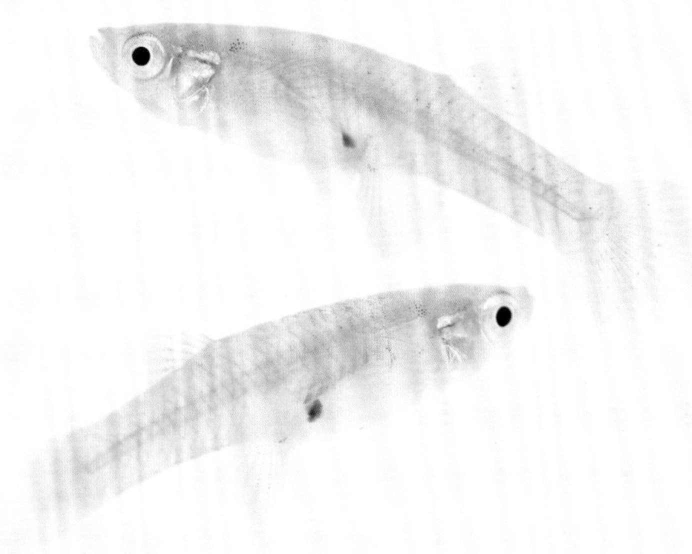

廖常乐

两栖类
Amphibians

dōng fāng róng yuán

东方蝾螈

yǒu wěi mù
有尾目
róng yuán kē
蝾螈科

• 三有保护
• 湖南省级保护

近危/NT

• *Cynops orientalis*

东方蝾螈是一种小型两栖类动物，小时候常把它叫成娃娃鱼，东方蝾螈最大的识别特征是腹部赤红色，背面满布细小痣粒。常栖息于水草繁多的泥地沼泽、静水塘和稻田内及其附近水沟中。以水生昆虫和昆虫卵为食。株洲分布：大京水库、凤凰山公园。种群数量极少，为株洲市罕见两栖类。

📷 廖常乐

zhōng huá chán chú

中华蟾蜍

wú wěi mù
无尾目
chán chú kē
蟾蜍科

• 三有保护
• 湖南省级保护

无危/LC

• *Bufo gargarizans*

中华蟾蜍，也就是我们常说的癞蛤蟆，四肢粗壮，且浑身布满疣粒。行动笨拙缓慢，不善于游泳和跳跃，常匍匐爬行。株洲分布：水塘、水库、沼泽、城市公园、小区绿化等地。种群数量较多，为株洲市常见两栖类。

廖常乐

hēi kuàng chán chú
黑眶蟾蜍

wú wěi mù
无尾目
chán chú kē
蟾蜍科

- 三有保护
- 湖南省级保护

无危/LC

· *Duttaphrynus melanostictus*

黑眶蟾蜍体型与中华蟾蜍相似，主要识别特征是面部眼眶及吻部有黑色骨质脊棱，像戴了一副黑框眼镜，每年3至5月，池塘内成群的大量的黑色蝌蚪，就是他们的孩子。株洲分布：水塘、水库、沼泽、城市公园、小区绿化等地。种群数量较多，为株洲市常见两栖类。

廖常乐

zhèn hǎi lín wā

镇海林蛙

wú wěi mù
无尾目
wā kē
蛙 科

• 三有保护 无危/LC

• *Rana zhenhaiensis*

镇海林蛙主要识别特征是耳旁有个小小的黑色“逗号”斑纹，身形纤细，后肢特别长。每年2至3月份，成蛙聚集于稻田、水塘以及临时水洼内抱对产卵。株洲分布：水塘、水田、水库、沼泽等地。种群数量较少，为株洲市偶见两栖类。

廖常乐

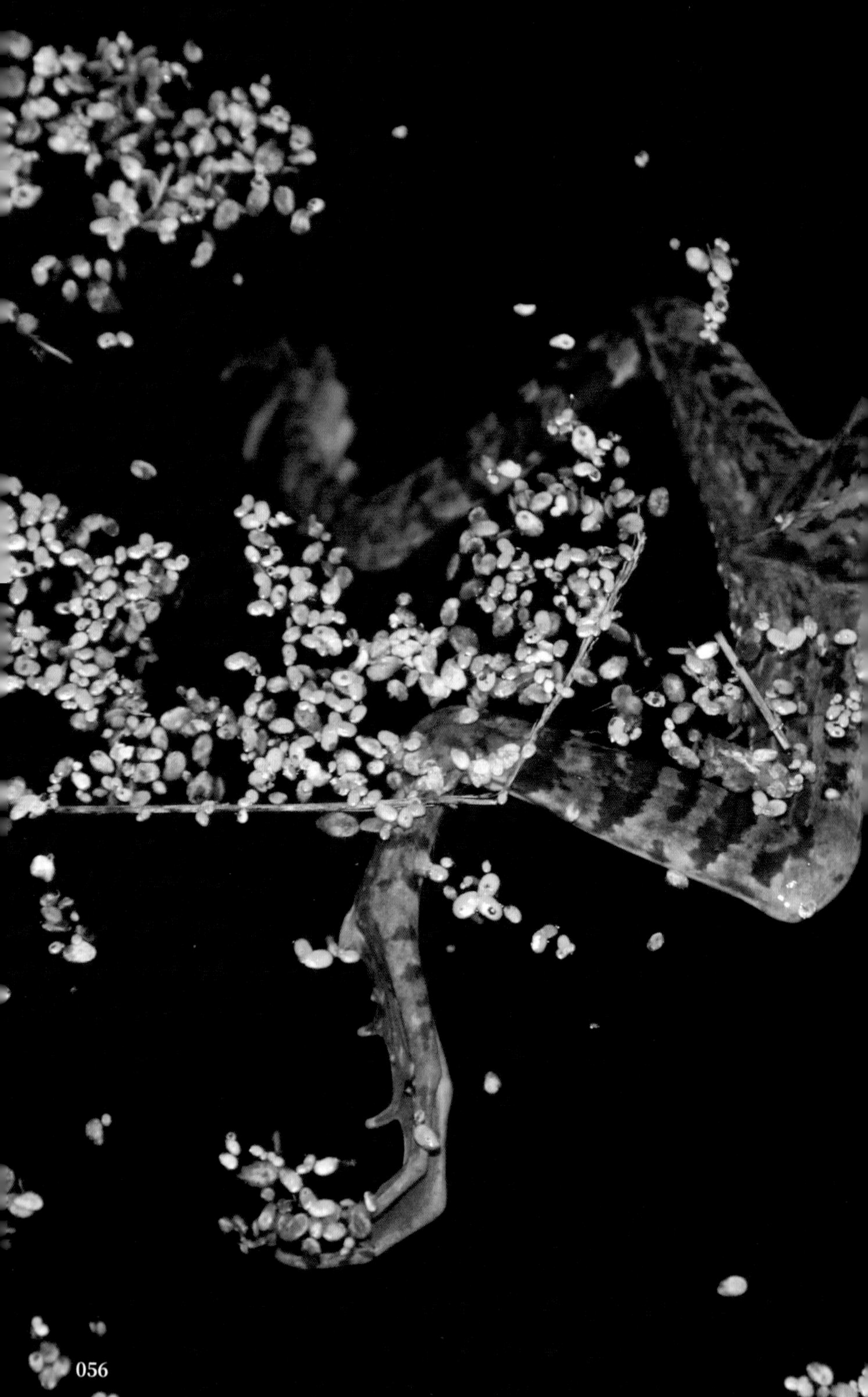

hēi bān cè zhě wā

黑斑侧褶蛙

wú wěi mù 无尾目 · 三有保护
wā kē 蛙科 · 湖南省级保护

近危/NT

· *Pelophylax nigromaculatus*

黑斑侧褶蛙也就是我们常称呼的“青蛙”，由于其捕食害虫能力强，又被誉为“稻田卫士”。该蛙分布区虽然很宽，但因过度捕捉和栖息地的生态环境质量下降，其种群数量急剧减少，受威胁程度为近危。株洲分布：水塘、水田、水库、沼泽、城市公园等地。种群数量较多，为株洲市常见两栖类。

📷 廖常乐

zhǎo shuǐ wā 沼水蛙

wú wěi mù 无尾目
wā kē 蛙科

• 三有保护
• 湖南省级保护

无危/LC

• *Hylarana guentheri*

沼水蛙体型较大，皮肤光滑，背侧褶显著，但不宽厚。株洲分布：水田、沼泽等地。种群数量较多，为株洲市常见两栖类。

廖常乐

kuò zhě shuǐ wā

阔褶水蛙

wú wěi mù
无尾目
wā kē
蛙 科

- 三有保护
- 湖南省级保护

无危/LC

· *Hylarana latouchii*

阔褶水蛙皮肤粗糙，背部有稠密刺粒，侧褶宽厚，侧褶下缘黑色，体背面黄褐色，身体两侧棕色且夹杂黑斑，四肢有横纹。株洲分布于溪流、池塘等地。种群数量较少，为株洲市偶见两栖类。

📷李 成

hú běi cè zhě wā

湖北侧褶蛙

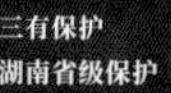

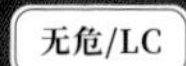

· *Pelophylax hubeiensis*

湖北侧褶蛙体型硕壮，背面及体侧皮肤光滑或有小疣粒；背侧褶较宽厚，鼓膜大而明显。株洲分布于水田、池塘等地。种群数量较少，为株洲市偶见两栖类。

📷李　成

zé lù wā

泽陆蛙

wú wěi mù
无尾目
chā shé wā kē
叉舌蛙科

· 三有保护
· 湖南省级保护

无危/LC

· *Fejervarya multistriata*

泽陆蛙体型较小，识别特征是上下颌缘有6至8条纵纹，两眼之间有横斑，背部布有长短不一的褶皱。株洲广泛分布于水塘、水库、沼泽、城市公园、小区绿化、市郊山林等有水潮湿的地方。种群数量较多，为株洲市常见两栖类。

廖常乐

hǔ wén wā
虎纹蛙

wú wěi mù
无尾目
chā shé wā kē
叉舌蛙科

· 国家二级重点保护 濒危/EN

· *Hoplobatrachus chinensis*

虎纹蛙体型较大，株洲俗名“泥麻拐”，身体侧面以及下颌布有黄黑相交的斑纹，如同老虎毛色，由此得名。株洲分布：水田、沼泽附近，种群数量较少，为株洲市偶见两栖类。

廖常乐

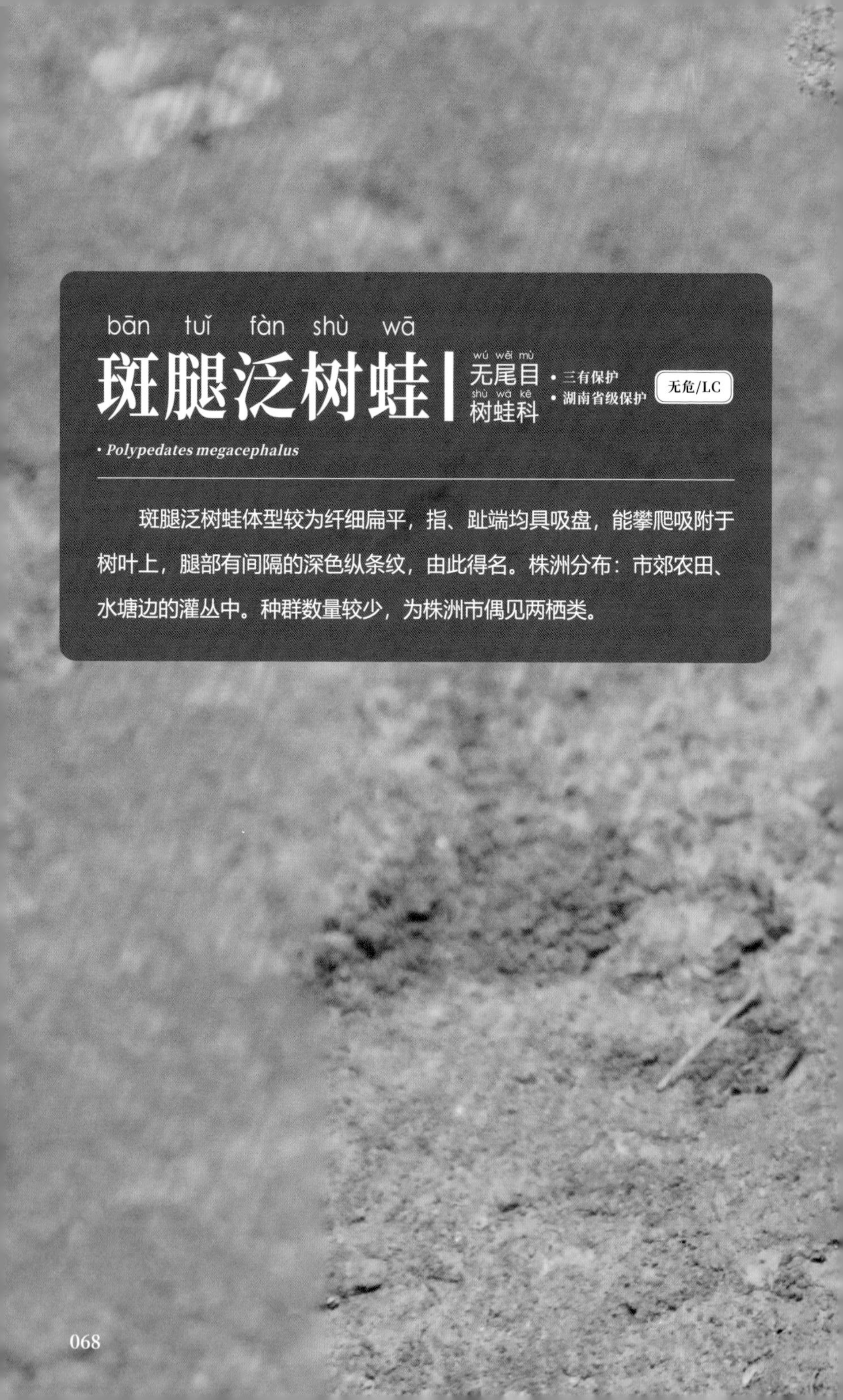

bān tuǐ fàn shù wā 斑腿泛树蛙

wú wěi mù 无尾目 shù wā kē 树蛙科

· 三有保护
· 湖南省级保护

无危/LC

· *Polypedates megacephalus*

斑腿泛树蛙体型较为纤细扁平，指、趾端均具吸盘，能攀爬吸附于树叶上，腿部有间隔的深色纵条纹，由此得名。株洲分布：市郊农田、水塘边的灌丛中。种群数量较少，为株洲市偶见两栖类。

廖常乐

dà shù wā 大树蛙 | wú wěi mù 无尾目 shù wā kē 树蛙科

• 三有保护
• 湖南省级保护

无危/LC

• *Rhacophorus dennysi*

大树蛙体型较大，浑身翠绿色，背部有零星褐色斑点，指、趾端均具吸盘，在树叶上抱对产卵，受精卵发育成蝌蚪后，蝌蚪从树叶上落到树下的水潭或者小溪流内。株洲分布：市郊山林林缘地带，溪流水塘旁。种群数量较少，为株洲市偶见两栖类。

费冬波

shì wén jī wā
饰纹姬蛙 | 无尾目（wú wěi mù） 姬蛙科（jī wā kē）

• 三有保护
• 湖南省级保护

无危/LC

• *Microhyla fissipes*

饰纹姬蛙体型非常小，身体呈三角形，头小且尖，就是这小小的身躯里面却孕育了巨大的能量，夏季田野里此起彼伏的蛙叫声，就是它在高声呐喊。株洲分布：农田、水渠旁。种群数量较多，为株洲市常见两栖类。

廖常乐

xiǎo hú bān jī wā

小弧斑姬蛙

wú wěi mù
无尾目
jī wā kē
姬蛙科

• 三有保护
• 湖南省级保护

无危/LC

• *Microhyla heymonsi*

小弧斑姬蛙体型与饰纹姬蛙相似，体型小且扁平，身体两侧黑色。

株洲分布：农田、水渠旁。种群数量较少，为株洲市偶见两栖类。

📷廖常乐

爬行类

Reptiles

zhōng huá biē

中华鳖

guī biē mù
龟鳖目

biē kē
鳖 科

- 三有保护
- 湖南省级保护

瀕危/EN

· *Pelodiscus sinensis*

中华鳖就是我们常说的甲鱼，体躯扁平，呈椭圆形，背腹具甲；通体被柔软的革质皮肤，无角质盾片。中华鳖生活于江河、湖沼、池塘、水库等水流平缓、鱼虾繁生的淡水水域，也常出没于大山溪中。在安静、清洁、阳光充足的水岸边活动较频繁。能在陆地上爬行、攀登，也能在水中自由游泳。性怯懦怕声响，白天潜伏水中或淤泥中，夜间出水觅食。株洲分布：湘江、水塘、溪流等水域。种群数量较少，为株洲市偶见爬行类。

廖常乐

多疣壁虎

duō yóu bì hǔ

yǒu lín mù 有鳞目

bì hǔ kē 壁虎科

- 三有保护
- 湖南省级保护

无危/LC

· *Gekko japonicus*

多疣壁虎体型较小，主要识别特征为：趾下瓣单行，体背中央疣鳞较多，四肢背面具疣鳞，尾基每侧有3~8枚大鳞。栖息在房屋缝隙中，野外岩缝中、石下、树上及柴草堆内，夜晚常在有灯光处捕食蛾类、蚊类，有时为争食而互相争斗。株洲分布：市郊乡镇建筑物内。种群数量较多，为株洲市常见爬行类。

傅　祺

tóng tíng xī 铜蜓蜥 | yǒu lín mù 有鳞目 shí lóng zǐ kē 石龙子科

· *Sphenomorphus indicus*

- 三有保护
- 湖南省级保护

无危/LC

铜蜓蜥体背面古铜色，背中央有一条断断续续的黑纹，体侧有一条宽黑褐色纵带，株洲分布：市郊路边、水塘边的草丛、乱石堆中。种群数量较少，为株洲市偶见爬行类。

📷 费冬波

lán wěi shí lóng zǐ 蓝尾石龙子

yǒu lín mù 有鳞目

shí lóng zǐ kē 石龙子科

• 三有保护　无危/LC

• *Plestiodon elegans*

蓝尾石龙子，尾部蓝色，背面深黑色，有5条黄色纵纹，沿体背正中及两侧往后直达尾部，隐失于尾端。喜欢在路边石块上晒太阳。株洲分布：市郊路边、乱石堆中。种群数量较少，为株洲市偶见爬行类。

📷李 成

zhōng guó shí lóng zǐ

中国石龙子

yǒu lín mù
有鳞目
shí lóng zǐ kē
石龙子科

• 三有保护
• 湖南省级保护

无危/LC

• *Plestiodon chinensis*

中国石龙子常被人们称为“四脚蛇”，体型粗壮，主要识别特征为：有上鼻鳞两枚，身体两侧有大量鲜红色散状分布的斑纹。以各种昆虫为食。株洲分布：市郊路边、水塘边的草丛、乱石堆中。种群数量较多，为株洲市常见爬行类。

费冬波

běi cǎo xī
北草蜥 | yǒu lín mù 有鳞目 xī yì kē 蜥蜴科

• *Takydromus septentrionalis*

北草蜥，头部具有大的对称鳞片，无上鼻鳞，尾巴特别长，体侧鲜绿色。北草蜥喜欢白天活动，以各种无脊椎动物为食，如蝗虫、鼠妇、蛾类幼虫等。株洲分布：市郊荒地、农田、茶园、路边、乱石堆、灌丛中。种群数量较少，为株洲市偶见爬行类。

廖常乐

yuán máo tóu fù

原矛头蝮

yǒu lín mù 有鳞目
kuí kē 蝰科

• 三有保护
• 湖南省级保护

无危/LC

• *Protobothrops mucrosquamatus*

原矛头蝮为毒蛇，头部典型的长三角形，颈部细小，形似烙铁，故又被称为烙铁头。体形细长，尾纤细，头背具细鳞。昼伏夜出，喜在阴雨天活动。株洲分布：市郊山林、竹林、灌丛、农田等生境中。种群数量较少，为株洲市偶见爬行类。

费冬波

fú jiàn zhú yè qīng shé

福建竹叶青蛇

yǒu lín mù 有鳞目
kuí kē 蝰科

• 三有保护
• 湖南省级保护

无危/LC

• *Viridovipera stejnegeri*

福建竹叶青蛇也称竹叶青，毒蛇，主要识别特征为：通体翠绿色，雄蛇体侧有一红白相间的纵线纹路，雌性体侧纵线纹路为白色或淡黄色。头较大、三角形，颈细，头颈区分明显，头顶具细鳞。竹叶青蛇树栖性很强，常吊挂或缠在树枝上，夜间活动，以蛙、蜥蜴、鸟和小型哺乳类等动物为食。株洲分布：市郊山林和阴湿的山溪旁杂草丛、竹林中。种群数量较少，为株洲市偶见爬行类。

费冬波

duǎn wěi fù

短尾蝮

yǒu lín mù 有鳞目
kuí kē 蝰科

• 三有保护
• 湖南省级保护

近危/NT

• *Gloydius brevicaudus*

短尾蝮为毒蛇，体型粗壮，头略呈三角形，与颈区分明显，吻棱明显，尾短，有颊窝，眼部前后有黑色的斑纹。短尾蝮夜间活动，以鱼、蛙、鸟、鼠为食，株洲分布：市郊农田、沟渠、路边和村落周围。种群数量极少，为株洲市罕见爬行类。

廖常乐

zhōng guó zhǎo shé

中国沼蛇

yǒu lín mù
有鳞目
shuǐ shé kē
水蛇科

· 三有保护
· 湖南省级保护

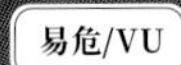

· *Myrrophis chinensis*

中国沼蛇体型粗壮，身体棕灰色，背面布有大小不一的黑色点状斑纹，长年生活于淡水中，白天及晚上均见活动，主要以鱼类、青蛙以及甲壳纲动物为食。株洲分布：溪流、池塘、水田或水渠内。种群数量较少，为株洲市偶见爬行类。

廖常乐

廖常乐

zhōu shān yǎn jìng shé
舟山眼镜蛇

yǒu lín mù
有鳞目
yǎn jìng shé kē
眼镜蛇科

• 三有保护
• 湖南省级保护

易危/VU

• *Naja atra*

舟山眼镜蛇为毒蛇，背面黑色或黑褐色，通身有白色细环纹，年幼个体尤其明显，受惊扰时，常竖立前半身，颈部平扁扩大，作攻击姿态，同时颈背露出呈双圈的“眼镜”状斑纹。舟山眼镜蛇多白天活动，食性广泛，以蛙、蛇为主，也食鸟、鼠等动物。株洲分布：市郊山林、农田、路边灌丛。种群数量较少，为株洲市偶见爬行类。

银环蛇 | 有鳞目 筒蛇科

yín huán shé　yǒu lín mù　tǒng shé kē

- 三有保护
- 湖南省级保护

易危/VU

· *Bungarus multicinctus*

银环蛇为剧毒蛇，主要识别特征为：体背黑色，其上布有等距离的白色环纹，由此得名。银环蛇昼伏夜出，性情较温和，一般很少主动咬人，捕食泥鳅、鳝鱼、蛙类、鼠类、蜥蜴和其他蛇类。株洲分布：市郊近水的田边、路旁、菜园等处。种群数量较少，为株洲市偶见爬行类。

📷费冬波

dùn wěi liǎng tóu shé

钝尾两头蛇

yǒu lín mù
有鳞目
yóu shé kē
游蛇科

- 三有保护
- 湖南省级保护

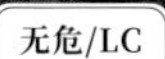

· *Calamaria septentrionalis*

钝尾两头蛇尾部钝圆，首尾像有两个头，由此得名。钝尾两头蛇属于穴居类蛇，常藏于泥土下，行动十分隐秘，以蚯蚓为食。株洲分布：市郊山林等处。种群数量较少，为株洲市偶见爬行类。

李 成

zhōng guó xiǎo tóu shé

中国小头蛇

yǒu lín mù
有鳞目
yóu shé kē
游蛇科

- 三有保护
- 湖南省级保护

无危/LC

· *Oligodon chinensis*

中国小头蛇眼部有横纹贯穿，颈部有“人”形黑褐纹，体背深褐色，有11～15条镶黑边的横纹，横纹延伸到最外背鳞，尾部也有3～4条，各横纹间另有3条黑色隐纹。食蜥蜴和壁虎的卵。株洲分布：市郊山林、草坡或灌丛中。种群数量较少，为株洲市偶见爬行类。

费冬波

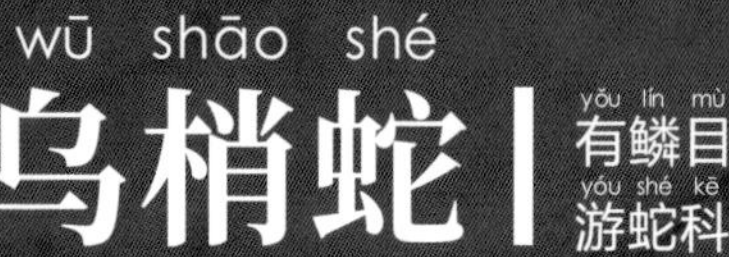

wū shāo shé 乌梢蛇

yǒu lín mù 有鳞目
yóu shé kē 游蛇科

· *Ptyas dhumnades*

- 三有保护
- 湖南省级保护

易危/VU

乌梢蛇体型较大，成年乌梢蛇全身乌黑，由此得名，乌梢蛇行动迅速，以蛙类、蜥蜴、鱼类、鼠类等为食。株洲分布：市郊山林、水塘边、灌丛内。种群数量较多，为株洲市常见爬行类。

李　成

chì liàn shé

赤链蛇

yǒu lín mù
有鳞目
yóu shé kē
游蛇科

• 三有保护
• 湖南省级保护

无危/LC

• *Lycodon rufozonatus*

赤链蛇，体背黑褐色，体背有红色窄横斑，由此得名，赤链蛇多在傍晚出来活动，属夜行性蛇类，以蛙类、蜥蜴及鱼类为食，性较凶猛 。株洲分布：市郊山林、农田、水塘边、灌丛等处。种群数量较多，为株洲市常见爬行类。

费冬波

hēi méi jǐn shé 黑眉锦蛇 | yǒu lín mù 有鳞目 yóu shé kē 游蛇科

- 三有保护
- 湖南省级保护

易危/VU

· *Elaphe taeniura*

黑眉锦蛇体型较大，最主要的识别特征是，头和体背黄绿色，眼后有一条明显的黑纹。黑眉锦蛇善攀爬，喜食鼠类。株洲分布：市郊山林、农田、水塘边、灌丛、菜地等处。种群数量较多，为株洲市常见爬行类。

📷吴 涛

wáng jǐn shé

王锦蛇 | 有鳞目 游蛇科

yǒu lín mù / yóu shé kē

• *Elaphe carinata*

• 三有保护
• 湖南省级保护

瀕危/EN

王锦蛇通体黄色且有黑斑，主要识别特征是头部有黑纹“王”字，由此得名。王锦蛇体大凶猛，动作敏捷，食谱广泛，捕食鼠、鸟、鸟蛋及其他小型动物。株洲分布：市郊山林、农田、水塘边、灌丛、菜地等处。种群数量极少，为株洲市罕见爬行类。

陈斯侃

hǔ bān jǐng cáo shé

虎斑颈槽蛇

yǒu lín mù
有鳞目
yóu shé kē
游蛇科

- 三有保护
- 湖南省级保护

无危/LC

· *Rhabdophis tigrinus*

虎斑颈槽蛇最主要的识别特征是颈部有黑红相间的斑纹，如同老虎纹路，且颈部具有明显颈槽，因此得名。株洲分布：市郊山林、沿江风光带、农田、水塘边、灌丛、菜地等处。种群数量较多，为株洲市常见爬行类。

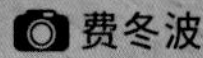
费冬波

鸟类
Birds

xiǎo pì tī

小䴙䴘

pì tī mù
䴙䴘目
pì tī kē
䴙䴘科

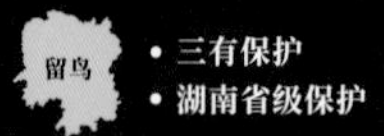

· Little Grebe · *Tachybaptus ruficollis*

炎帝广场神农湖的湖面上，经常会出现一些憩息游嬉的“小鸭子”，它们真正的名字叫作小䴙䴘。小䴙䴘属于体型较小的游禽，体长23cm~29cm，虹膜黄色，繁殖期颈部呈栗红色。小䴙䴘栖息于江河、湖泊、池塘、河流等地。食物以小鱼、虾、昆虫等为主。常单独或小群在水上游荡，善于潜水，在水生植物丛中营巢。小䴙䴘非常害羞，当你靠近它时，它会快速地潜入水中，等你回过神来，它早已出现在离你很远的水域，你只能远远地看着它离去的背影。株洲分布：神农湖、湘江、水库、市郊水塘。种群数量较多，为株洲市常见鸟类。

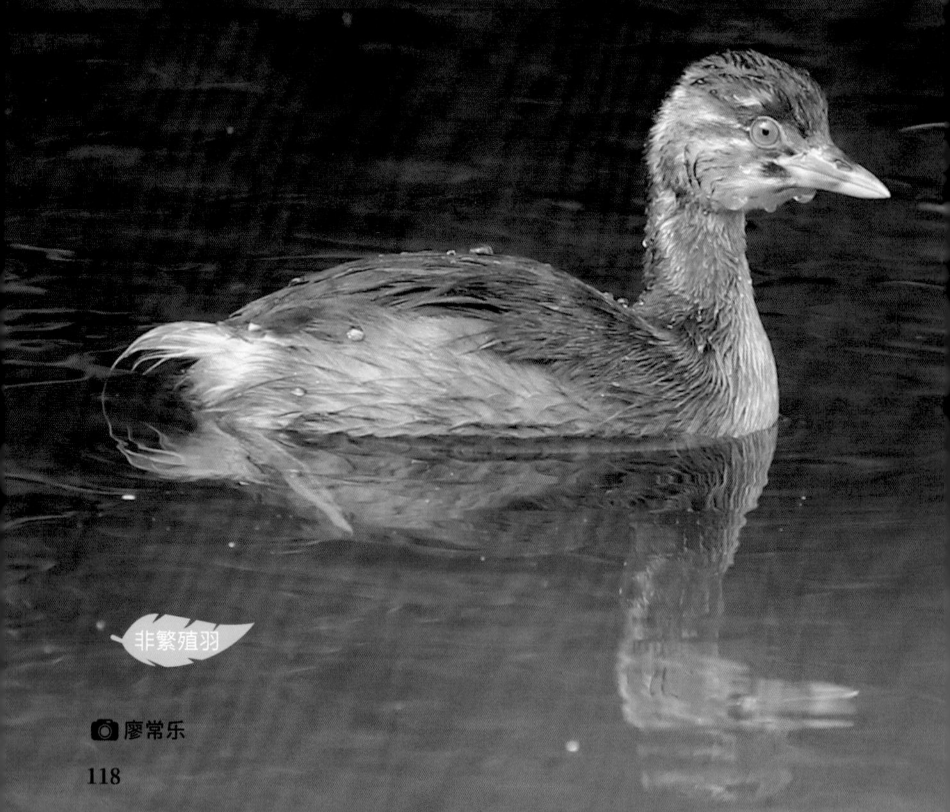

非繁殖羽

廖常乐

繁殖羽
李 成

pǔ tōng lú cí

普通鸬鹚

jiān niǎo mù
鲣鸟目
lú cí kē
鸬鹚科

- 三有保护
- 湖南省级保护

无危/LC

· Great Cormorant · *Phalacrocorax carbo*

鸬鹚，体长77cm~94cm，躯体黑色，嘴长且前端钩状，脸部裸露皮肤黄色，胁有白斑，虹膜绿色。中国古时就有利用鸬鹚来捕鱼的传统，成群活动，善于潜水和游泳。株洲分布：湘江。种群数量较少，为株洲市偶见鸟类。

李 成

zhōng bái lù

中白鹭

tí xíng mù
鹈形目
lù kē
鹭 科

• 三有保护
• 湖南省级保护

无危/LC

· Intermediate Egret *Ardea intermedia*

中白鹭属体型中等的涉禽，体长62cm~70cm，全身覆白色羽毛，眼先黄色，脚和趾均黑色，夏羽背部和前颈下部有披针形饰羽。栖息于湿地浅滩，以鱼、虾、蛙、昆虫为食。株洲分布：湘江、水库、市郊水塘、水田、沼泽。种群数量较少，为株洲市偶见鸟类。

何胜华

白鹭（bái lù） | 鹈形目（tí xíng mù） 鹭科（lù kē）

· Little Egret · *Egretta garzetta*

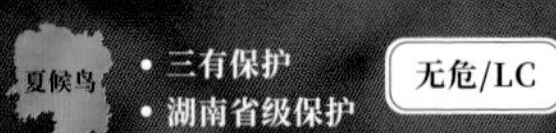

“西塞山前白鹭飞，桃花流水鳜鱼肥”，以白鹭为创作原型，经常出现在各大文豪的作品里。白鹭属于体型中等的涉禽，体长55cm~68cm，全身洁白，繁殖期枕部有两条带状长羽，嘴部黑色，腿和脚长、黑色，趾黄色。分布于河流、池塘、沼泽的浅滩中。食物主要为鱼类、虾类、昆虫等。繁殖期经常与其他鹭类混群在大树上营巢。株洲分布：神农湖、湘江、水库、市郊水塘、水田、沼泽。种群数量较多，为株洲市常见鸟类。

廖常乐

niú bèi lù
牛背鹭

tí xíng mù
鹈形目
lù kē
鹭 科

无危/LC

· Cattle Egret · *Bubulcus ibis*

牛背鹭属于体型中等的涉禽，体长46cm~53cm，最大的识别特征是夏季头颈部橙黄色，身体其他部位白色，喙黄色。牛背鹭喜欢站在牛背上或者跟随在耕田的牛后面啄食翻耕出来的虫子，因此得名。株洲分布：市郊水塘、水田、菜地、沼泽、荒地。种群数量较少，为株洲市偶见鸟类。

📷李 成

chí lù

池鹭

tí xíng mù
鹈形目
lù kē
鹭 科

· 三有保护
· 湖南省级保护

无危/LC

· Chinese Pond Heron · *Ardeola bacchus*

池鹭体型和白鹭差不多，飞翔时翅膀为白色，常被大家误认为是白鹭，其实它和白鹭不一样。池鹭属体型中等的涉禽，体长42cm~52cm，较粗壮，翼白色、身体具褐色纵纹的鹭。繁殖季节头及颈深栗色，胸酱紫色，冬季：站立时具褐色纵纹，飞行时体白而背部深褐色。喜单只或结小群在水田或沼泽地中觅食，性不甚畏人。食性以鱼类、蛙、昆虫为主。繁殖期营巢于树上或竹林间，鸟巢呈浅圆盘状。株洲分布：神农湖、湘江、市郊水塘、水田、沼泽。种群数量较多，为株洲市常见鸟。

摄影：廖常乐

lǜ lù
绿鹭

tí xíng mù
鹈形目
lù kē
鹭 科

· 三有保护
· 湖南省级保护

无危/LC

· Striated Heron · *Butorides striata*

绿鹭属体型中等的涉禽，体长35cm~48cm，额、头顶、枕、羽冠和眼下纹绿黑色，主要的识别特征是两翼羽缘皮黄色，呈网纹状。绿鹭是个非常冷静的猎人，它们通常会静立于水中，伏击猎物，以小鱼、青蛙和水生昆虫为食。株洲分布：市郊水塘、水田、沼泽。种群数量较少，为株洲市偶见鸟类。

📷廖常乐

yè lù 夜鹭

tí xíng mù 鹈形目

lù kē 鹭科

- 三有保护
- 湖南省级保护

无危/LC

· Black - crowned Night Heron · *Nycticorax nycticorax*

夜鹭是黄昏至夜晚活动的鹭类，由此得名。其为体型中等的涉禽，体长58cm~65cm，体较粗胖，颈较短。嘴尖细，微向下曲，黑色。脚和趾黄色。头顶至背黑绿色而具金属光泽。上体余部灰色，下体白色。夜出性，喜结群，主要以鱼、蛙、虾、水生昆虫等为食。株洲分布：神农湖、市郊水塘、水田、沼泽。种群数量较少，为株洲市偶见鸟类。

李 成

huáng bān wěi jiān

黄斑苇鳽

tí xíng mù
鹈形目
lù kē
鹭 科

夏候鸟

• 三有保护
• 湖南省级保护

无危/LC

· Yellow Bittern · *Ixobrychus sinensis*

黄斑苇鳽属体型中等的涉禽，体长30cm~40cm，身体麻黄色，颈部背部有黄白相间的纵纹。喜在开阔水域或水田、沼泽地中觅食。食性以鱼类、蛙、昆虫为主。繁殖期营巢于树上或竹林间，鸟巢呈浅圆盘状。株洲分布：市郊水塘、水田、沼泽。种群数量较少，为株洲市偶见鸟类。

何胜华

bān zuǐ yā

斑嘴鸭

yàn xíng mù
雁形目
yā kē
鸭 科

· 三有保护
· 湖南省级保护

无危/LC

· Eastern Spot - billed Duck · *Anas zonorhyncha*

斑嘴鸭，体长58cm~63cm，具有褐色斑纹的大型潜水鸭类，黑色嘴末端黄色，翼镜蓝紫色，飞翔时翼底浅色。常集群活动，喜欢干净，常在水中和陆地上梳理羽毛精心打扮，睡觉或休息时互相照看。以植物为主食，也吃无脊椎动物和甲壳动物。株洲分布：湘江、水库、市郊水塘、沼泽。种群数量较少，为株洲市偶见鸟类。

肖 亮

hēi guàn juān sǔn

黑冠鹃隼

yīng xíng mù
鹰形目
yīng kē
鹰 科

无危/LC

· Black Baza · *Aviceda leuphotes*

黑冠鹃隼属小型猛禽，体长28cm~35cm，整体黑白两色，翼较宽大，头顶有黑色羽冠，栖居于丘陵、山地或平原森林，有时也出现在疏林草坡、村庄和林缘田间，多在晨昏活动。主要以昆虫为食，也捕食蜥蜴、蝙蝠、鼠类和蛙等小型脊椎动物。栖息于高大树木的顶枝，以细树枝筑巢。株洲分布：大京水库、市郊山林。种群数量极少，为株洲市罕见鸟类。

温超然

bái wěi yào

白尾鹞

yīng xíng mù 鹰形目 yīng kē 鹰 科

• 国家二级重点保护

· Hen Harrier · *Circus cyaneus*

白尾鹞属于中型猛禽，体长43cm~54cm，雄鸟上体蓝灰色、头和胸较暗，翅尖黑色，尾上覆羽白色，雌鸟上体暗褐色，尾上覆羽白色，飞翔时翅下有三排较粗的横纹。滑翔时两翅上举呈‘V’字形。栖息于水库，农田等开阔地带，以小型鸟类、鼠类、蛙为食。株洲分布：大京水库、市郊山林、农田。种群数量极少，为株洲市罕见鸟类。

何胜华

fèng tóu yīng
凤头鹰

yīng xíng mù 鹰形目
yīng kē 鹰 科

留鸟 • 国家二级重点保护 近危/NT

· Crested Goshawk · *Accipiter trivirgatus*

凤头鹰属于中型猛禽，体长40cm~48cm，飞翔时，翅型宽大，喉部具有一道深褐色的喉中线，胸腹部有棕褐色横纹，飞行时可见蓬松的白色尾下覆羽。栖息于中、低海拔的森林及林缘地带，繁殖期常在森林上空翱翔。主要以小型脊椎动物为食。株洲分布：大京水库、市郊山林。种群数量极少，为株洲市罕见鸟类。

📷肖 亮

pǔ tōng kuáng

普通鵟

yīng xíng mù
鹰形目
yīng kē
鹰 科

· Eastern Buzzard · *Buteo japonicus*

普通鵟属于体型较大的猛禽，体长42cm~54cm，上体主要为红褐色，腹部具有褐色斑块。飞翔时两翼宽阔，翼指5枚，黑色腕斑明显，翼尖黑色，尾部长，打开呈扇形。常见在开阔平原、荒漠、旷野、开垦的耕作区、林缘草地和村庄上空盘旋翱翔，主要以森林鼠类为食。株洲分布：市郊山林、大京水库。种群数量极少，为株洲市罕见鸟类。

📷李 成

huī xiōng zhú jī

灰胸竹鸡

jī xíng mù
鸡形目
zhì kē
雉科

• 三有保护
• 湖南省级保护

无危/LC

· Chinese Bamboo Partridge · *Bambusicola thoracicus*

灰胸竹鸡为体型中等的走禽，体长27cm~35cm，最主要的识别特征是胸部有块灰色半环状的斑纹。作为雉科中的一员，经常出现在城市周边山林灌丛或竹林中，常以家族的形式成群活动，非常机警。株洲分布：市郊山林。种群数量较少，为株洲市偶见鸟类。

📷李 成

pū tōng yāng jī

普通秧鸡

hè xíng mù
鹤形目
yāng jī kē
秧鸡科

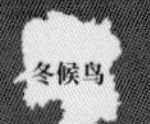

冬候鸟 · 三有保护 无危/LC

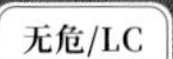

· Brown - cheeked Rail · *Rallus indicus*

普通秧鸡属于中型涉禽，体长23cm~29cm，上体黑棕色纵纹，脸灰，眉纹浅灰而眼线深灰，两胁具黑白色横斑。性格胆小，常单独行动，食性杂。株洲分布：市郊水田、沼泽。种群数量较少，为株洲市偶见鸟类。

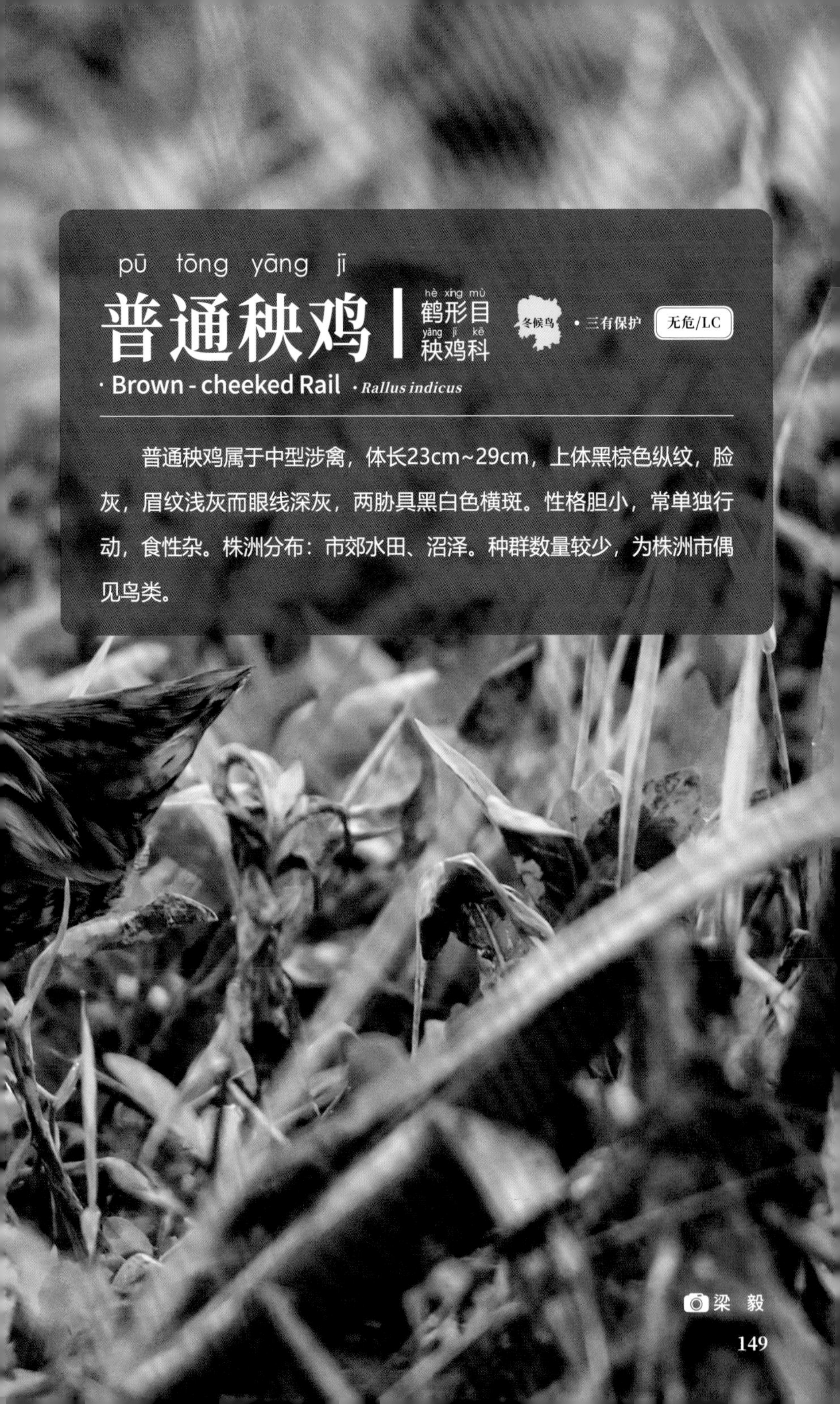

梁 毅

hóng jiǎo tián jī
红脚田鸡

hè xíng mù
鹤形目
yāng jī kē
秧鸡科

· 三有保护

无危/LC

· Brown Crake · *Zapornia akool*

红脚田鸡属于中型涉禽。体长26cm~28cm，上体橄榄褐色，头侧、颈侧和胸蓝灰色，颏、喉白色，腹和尾下覆羽橄榄褐色，嘴绿色，脚深红色。喜欢在黄昏活动。株洲分布：神农湖、市郊水塘、沿江风光带。种群数量较少，为株洲市偶见鸟类。

廖常乐

bái xiōng kǔ è niǎo

白胸苦恶鸟 | 鹤形目 秧鸡科

hè xíng mù

yāng jī kē

夏候鸟

• 三有保护
• 湖南省级保护

无危/LC

· White - breasted Waterhen · *Amaurornis phoenicurus*

白胸苦恶鸟属于中型涉禽。体长28cm~33cm，顾名思义，它的主要识别特征是脸、胸腹部白色，其他部位大都黑色。株洲分布：市郊水田、水塘边、沼泽。种群数量较少，为株洲市偶见鸟类。

沈 岩

hóng xiōng tián jī

红胸田鸡

hè xíng mù
鹤形目
yāng jī kē
秧鸡科

· 三有保护

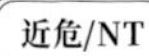

· Ruddy - breasted Crake · *Zapornia fusca*

红胸田鸡属于小型涉禽，体长19cm~23cm，上体灰褐色，下体红褐色，下腹部有白色横纹，脚红色。株洲分布：市郊水塘、沼泽。种群数量极少，为株洲市罕见鸟类。

📷梁　毅

hēi shuǐ jī

黑水鸡 | 鹤形目 秧鸡科

hè xíng mù 鹤形目

yāng jī kē 秧鸡科

• 三有保护
• 湖南省级保护

无危/LC

· Common Moorhen · *Gallinula chloropus*

黑水鸡属于中型涉禽。体长30cm~38cm，全体乌黑，两翼外侧各有一条白斑，虹膜红色，嘴前端黄色，嘴基部深红色。栖息于富有芦苇和水生挺水植物的淡水湿地中。株洲分布：神农湖、大京水库、市郊水塘、荒地。种群数量较少，为株洲市偶见鸟类。

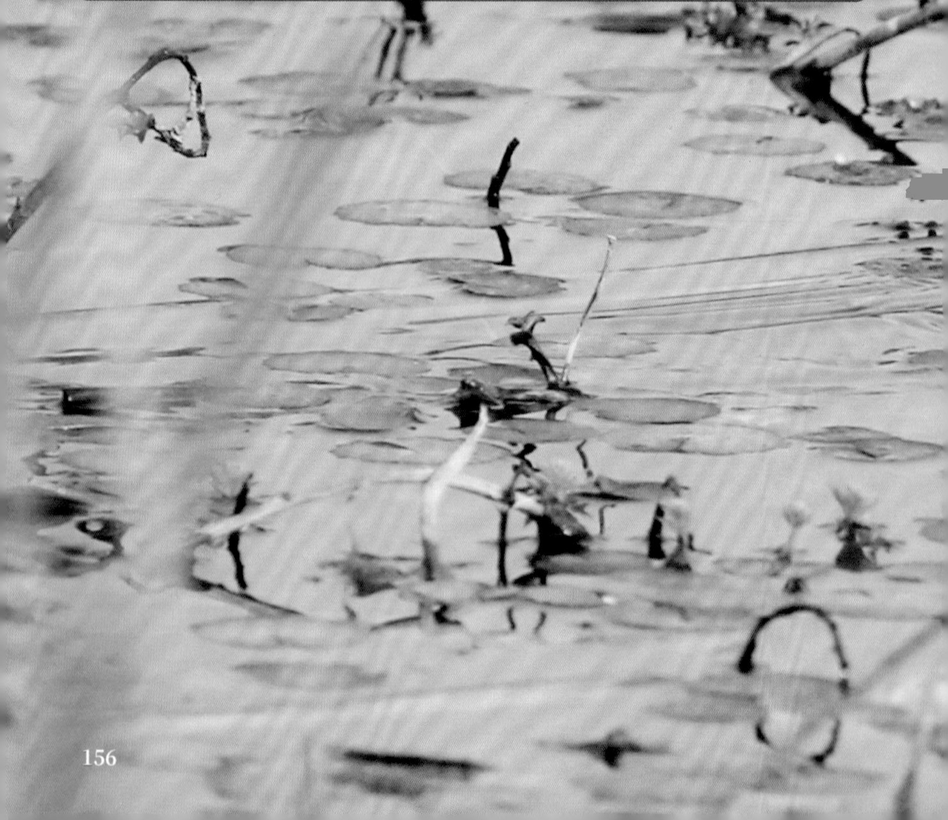

📷廖常乐

shuǐ zhì

水雉

héng xíng mù
鸻形目
shuǐ zhì kē
水雉科

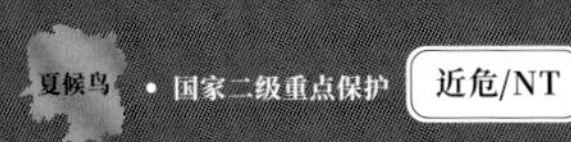

· Pheasant - tailed Jacana · *Hydrophasianus chirurgus*

水雉属于中型涉禽，体长39cm~58cm，身体黑褐色，翅白色，颈部有大块黄色斑纹，腿细长，株洲分布：群丰镇、雷打石镇等市郊水田、水塘、湿地、沼泽边。种群数量极少，为株洲市罕见鸟类。

梁 毅

cǎi yù

彩鹬

héng xíng mù
鸻形目
cǎi yù kē
彩鹬科

· 三有保护

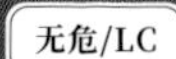

· Greatr Painted - snipe · *Rostratula benghalensis*

彩鹬属于小型涉禽，体长23cm~28cm，主要识别特征是头顶有一条黄色中央冠纹，眼周围一圈黄白色或黄色纹，并向眼后延伸，肩部有一条较宽的白色或淡黄色带纹。株洲分布：群丰镇、雷打石镇等市郊水田、水塘、湿地、沼泽边。种群数量较少，为株洲市偶见鸟类。

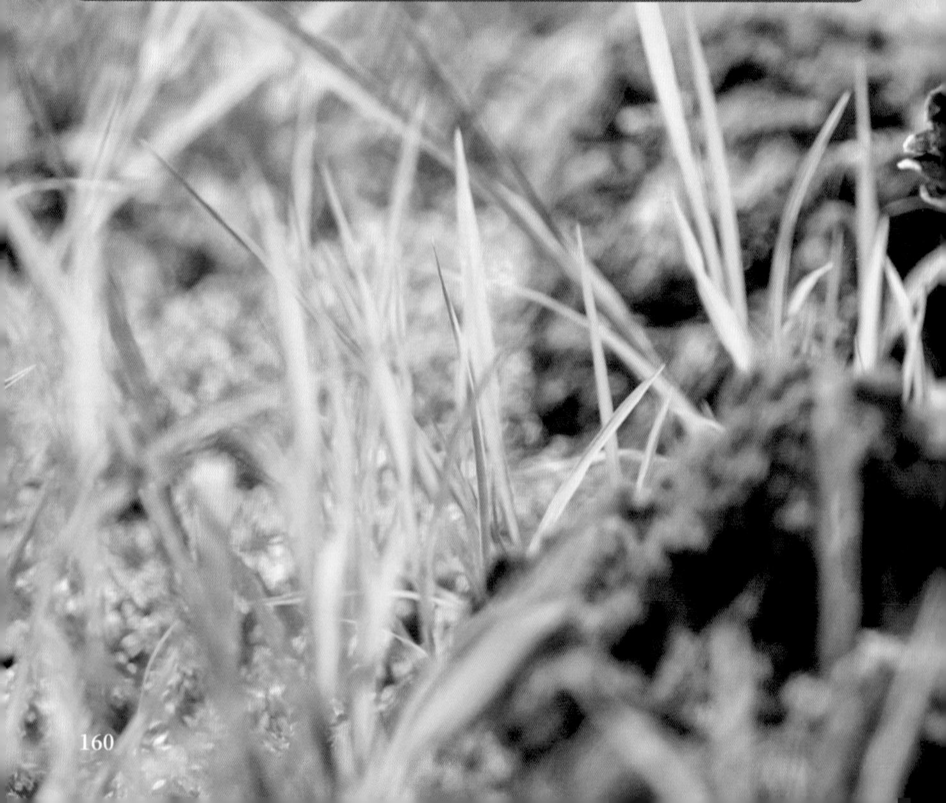

📷梁　毅

hēi chì cháng jiǎo yù

黑翅长脚鹬

héng xíng mù
鸻形目
fǎn zuǐ yù kē
反嘴鹬科

· 三有保护

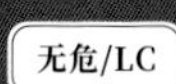

· Black - winged Stilt · *Himantopus himantopus*

黑翅长脚鹬是一种修长的涉禽，体长35cm~40cm，特征为细长的嘴黑色，两翼黑，长长的腿为红色，体羽白。主要以软体动物、虾、甲壳类、环节动物、昆虫、昆虫幼虫，以及小鱼和蝌蚪等动物性食物为食。株洲分布：群丰镇、市郊水田、水塘、湿地、沼泽边。种群数量较少，为株洲市偶见鸟类。

肖 亮

fèng tóu mài jī

凤头麦鸡

héng xíng mù
鸻形目
héng kē
鸻 科

· 三有保护
· 湖南省级保护

无危/LC

· Northern Lapwing · *Vanellus vanellus*

凤头麦鸡属于小型涉禽，体长28cm~31cm，背部暗绿色，腹部白色，最主要的识别特征是头顶具有细长且向前弯的黑色冠羽。栖息于各种湿地浅滩，以昆虫、虾蟹等无脊椎动物为食，株洲分布：市郊水田、水塘、湿地、沼泽边。种群数量极少，为株洲市罕见鸟类。

何胜华

huī tóu mài jī

灰头麦鸡

héng xíng mù
鸻形目
héng kē
鸻 科

· 三有保护 无危/LC

· Grey - headed Lapwing · *Vanellus cinereus*

灰头麦鸡属中型涉禽，体长34cm~37cm，头、颈、胸灰色，下胸具黑色横带，其余下体白色，背茶褐色，尾上覆羽和尾白色，尾后具黑色端斑，嘴黄色，嘴尖黑色，脚较细长，亦为黄色。飞翔时除翼尖和尾端黑色外，翅下和从胸至尾全为白色，翅上初级飞羽和次级飞羽黑白分明。灰头麦鸡活动于近水的开阔地带，飞行速度较慢，以蚯蚓、昆虫、螺类等为食。株洲分布：市郊水塘、沼泽、湿地、荒地。种群数量极少，为株洲市罕见鸟类。

梁 毅

jīn kuàng héng
金眶鸻

héng xíng mù
鸻形目
héng kē
鸻 科

· 三有保护

无危/LC

· Little Ringed Plover · *Charadrius dubius*

金眶鸻体长14cm~17cm，主要的识别特征是眼眶金黄色。单个或成对活动，活动时行走速度甚快，常边走边觅食，通常急速奔走一段距离后稍微停停，然后再向前走。以昆虫为主食，兼食植物种子。株洲分布：市郊水塘、湿地、沼泽、荒地。种群数量较少，为株洲市偶见鸟类。

梁 毅

shàn wěi shā zhuī

扇尾沙锥

héng xíng mù
鸻形目
yù kē
鹬 科

- 三有保护
- 湖南省级保护

无危/LC

· Common Snipe · *Gallinago gallinago*

扇尾沙锥属小型涉禽，体长24cm~29cm，嘴粗长而直，背、肩具乳黄色羽缘，形成4条纵带，次级飞羽具宽的白色端缘，在翅上形成明显的白色翅后缘，外侧尾羽宽。主要以昆虫等节肢动物和一些软体动物为食。株洲分布：市郊水塘、沼泽、湿地、荒地，群丰镇多见。种群数量较少，为株洲市偶见鸟类。

李剑志

鹤鹬 | 鸻形目 鹬科

hè yù

héng xíng mù yù kē

· 三有保护 无危/LC

· Spotted Redshank · *Tringa erythropus*

鹤鹬属小型涉禽，体长26cm~33cm，主要识别特征是：喙黑且细长，下喙基部红色；腿红而长，飞翔时脚伸出尾外明显，夏季羽毛整体偏黑，具有白色斑点；冬季羽毛整体灰色，白眉前粗后模糊，下体白。常在浅水地带边走边啄食。株洲分布：市郊水塘、沼泽、湿地、荒地，群丰镇多见。种群数量极少，为株洲市珍稀鸟类。

📷梁　毅

qīng jiǎo yù

青脚鹬

héng xíng mù
鸻形目
yù kē
鹬科

· 三有保护
· 湖南省级保护

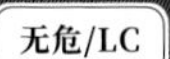

· Common Greenshank · *Tringa nebularia*

青脚鹬属小型涉禽，体长30cm~35cm，形态和林鹬相似，但背部与翼上羽毛脉络清晰，无眉纹，嘴略微上翘，脚青色。株洲分布：市郊水塘、沼泽、湿地、荒地，群丰镇多见。种群数量较少，为株洲市偶见鸟类。

📷 肖 亮

林鹬（lín yù） | 鸻形目（héng xíng mù） 鹬科（yù kē）

旅鸟 · 三有保护 无危/LC

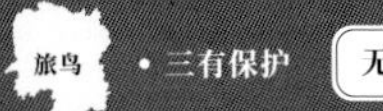

· Wood Sandpiper · *Tringa glareola*

林鹬属小型涉禽，体长19cm~23cm，主要识别特征是：嘴黑且细长，基部黄色。腿黄色，且较长。具有明显的白色眉纹，胸部具有褐色纵纹，背部具有黑褐色的杂斑。主要以直翅目和鳞翅目昆虫、昆虫幼虫、蠕虫、虾、蜘蛛、软体动物和甲壳类等小型无脊椎动物为食。株洲分布：市郊水塘、沼泽、湿地、荒地，群丰镇多见。种群数量较少，为株洲市偶见鸟类。

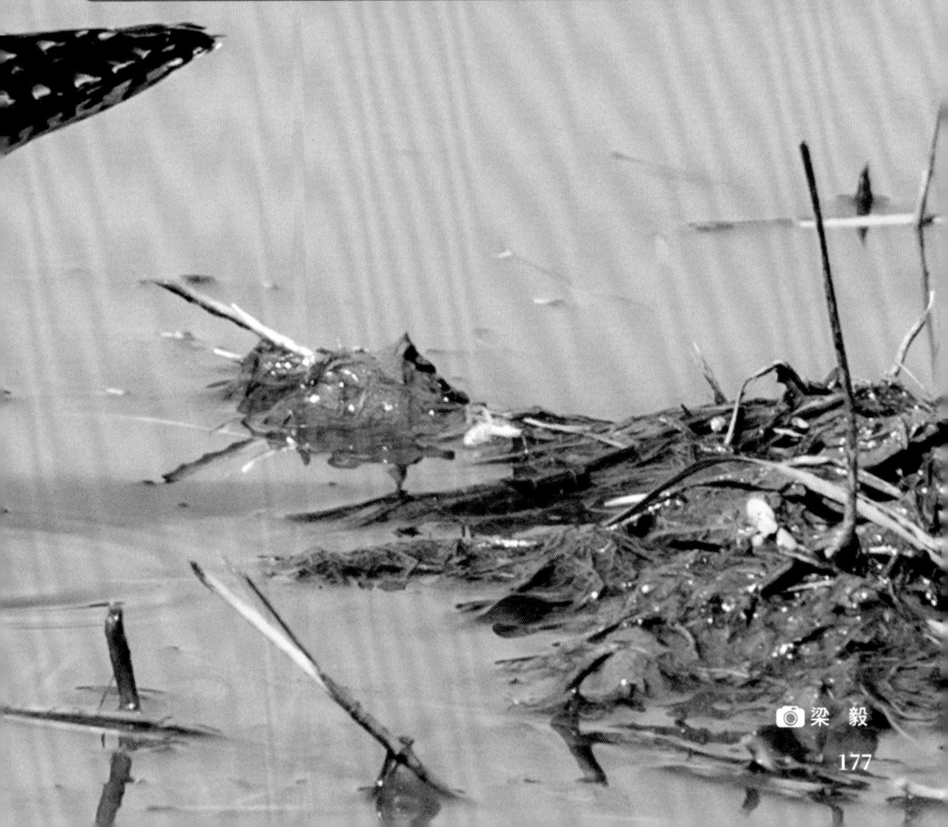

📷梁 毅

矶鹬 | 鸻形目 鹬科

jī yù

héng xíng mù / yù kē

- 三有保护
- 湖南省级保护

无危/LC

· Common Sandpiper · *Actitis hypoleucos*

矶鹬属小型涉禽，体长16cm~22cm，主要识别特征是：头部以及背部灰色，胸腹部白色，具有较明显白色眉纹。株洲分布：市郊水塘、沼泽、湿地、荒地，群丰镇多见。种群数量极少，为株洲市珍稀鸟类。

📷梁 毅

shān bān jiū

山斑鸠

gē xíng mù 鸽形目
jiū gē kē 鸠鸽科

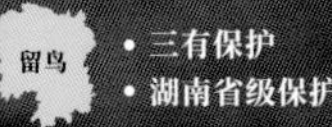

· Oriental Turtle Dove · *Streptopelia orientalis*

山斑鸠属于中型走禽，体长28cm~36cm，识别特征是颈部的斑纹，它颈部呈现的是蓝黑相间的条纹，翼上羽毛有金色的羽缘。喜欢成群地栖息在市郊山区和稻田附近，市区不多见。主要吃各种植物的果实、种子、草籽、嫩叶、幼芽，也吃农作物，冬天常傍在乌鸫近旁，捡食乌鸫吃下樟树籽之后吐出的樟树籽核。株洲分布：城市公园、市郊山林。种群数量较多，为株洲市常见鸟类。

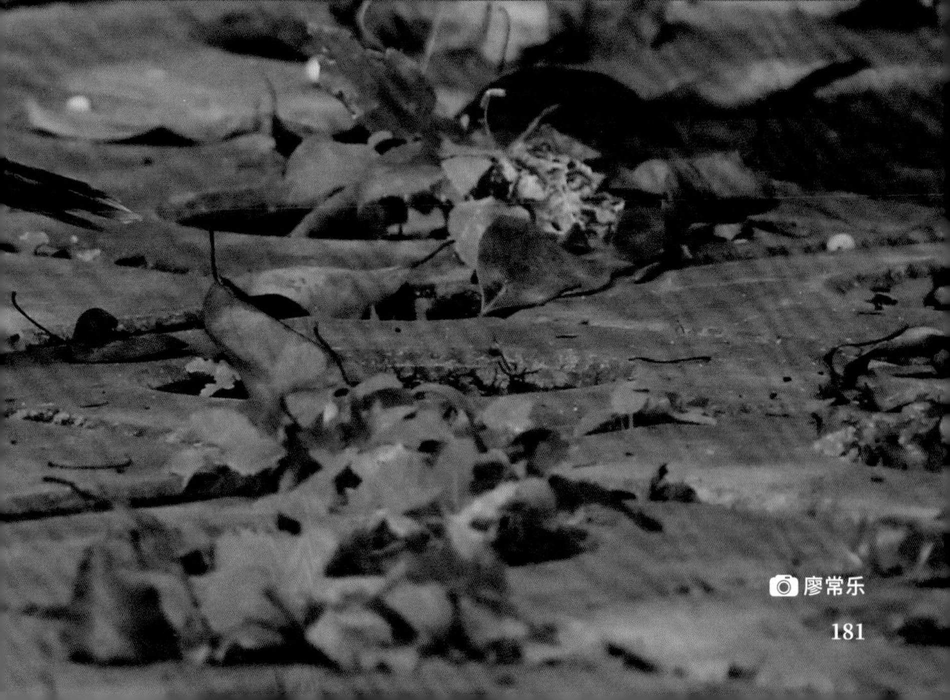

廖常乐

huǒ bān jiū

火斑鸠

gē xíng mù
鸽形目
jiū gē kē
鸠鸽科

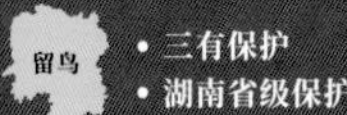

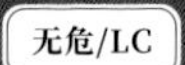

· Red Turtle Dove · *Streptopelia tranquebarica*

火斑鸠属于中型走禽，体长20cm~23cm，体型和其他斑鸠类似，主要的识别特征是，头部灰色，身体羽毛棕红色，颈部有一条黑色斑带。主要以果实为食，喜欢栖息于电线上或高大的枯枝上。飞行甚快，常发出“呼呼”的振翅声。株洲分布：市郊山林、农田。种群数量极少，为株洲市罕见鸟类。

📷李 成

zhū jǐng bān jiū
珠颈斑鸠

gē xíng mù 鸽形目
jiū gē kē 鸠鸽科

· Spotted Dove · *Streptopelia chinensis*

珠颈斑鸠是一种像鸽子的鸟类，属于中型走禽，体长27cm~30cm，最容易识别的特征是颈部黑色区域内布满了白色的小点，就像是珍珠奶茶中的珍珠粒，飞翔时尾羽后端有一条较宽的白色斑带。繁殖季节叫声此起彼伏，通常发出“布—咕—咕”的连续声。主食是颗粒状植物种子，例如稻谷、玉米、小麦等，冬天常傍在乌鸫近旁，捡食乌鸫吃下樟树籽之后吐出的樟树籽核。株洲分布：城市公园、城市小区绿地、行道树间、市郊山林、稻田。种群数量较多，为株洲市常见鸟类。

廖常乐

dà dù juān

大杜鹃

juān xíng mù
鹃形目
dù juān kē
杜鹃科

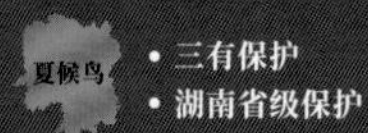

无危/LC

· Common Cuckoo · *Cuculus canorus*

对，它就是传说中的布谷鸟，我们经常只闻其声，不见其鸟，它常躲藏在茂密的林间，发出“布谷—布谷”的鸣叫声，你循着声音去找，却总是很难找到。大杜鹃属于中型攀禽，体长32cm~35cm，黄色的虹膜是区分它与其他近亲杜鹃的主要特征。鸡贼的大杜鹃有寄生产卵的习性，即将自己产的卵混在其他鸟类的鸟巢里，寄主鸟类会帮其孵化鸟卵，尤其可恨的是，它的卵往往会先被孵化，先孵化出来的大杜鹃幼鸟会本能地尽力将寄主的卵挤出巢外，或啄杀其后孵出的寄主宝宝，独自享受义亲的抚养，从而增大生存概率。取食鳞翅目幼虫、甲虫、蜘蛛、螺类等。株洲分布：市郊山林、城市小区绿地、城市公园。种群数量较多，为株洲市常见鸟类。

李剑志

噪鹃

zào juān

鹃形目 juān xíng mù

杜鹃科 dù juān kē

- 三有保护
- 湖南省级保护

无危/LC

· Common Koel · *Eudynamys scolopaceus*

噪鹃，体长39cm~46cm，雄鸟通体黑色，嘴绿眼红，雌鸟灰褐色，且身上布满黄白色斑点。叫声非常有特点，常发出"阔—以—哦"的重复叫声，听见多于看见。常寄生卵于黑领椋鸟、喜鹊、红嘴蓝鹊的鸟巢中。主食植物果实。株洲分布：市郊山林、水库。种群数量较少，为株洲市偶见鸟类。

卢 刚

xiǎo yā juān

小鸦鹃

juān xíng mù
鹃形目
dù juān kē
杜鹃科

· 国家二级重点保护 无危/LC

· Lesser Coucal · *Centropus bengalensis*

小鸦鹃体长34cm~38cm，头和身体黑色，肩和翅栗色，虹膜暗褐色，通常栖息于草地、灌木丛和矮树丛地带，喜单独或成对活动，主要以昆虫和小型动物为食，也吃少量植物果实与种子。株洲分布：市郊山林、江河两岸、荒地、稻田。种群数量极少，为株洲市罕见鸟类。

梁 毅

bān tóu xiū liú

斑头鸺鹠

xiāo xíng mù
鸮形目
chī xiāo kē
鸱鸮科

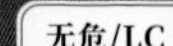

无危/LC

· Asian Barred Owlet · *Glaucidium cuculoides*

斑头鸺鹠是一种小型猫头鹰，体长22cm~26cm，主要识别特征是头顶棕白相间的横斑，主食昆虫，也食鼠类、小鸟、蛙类。株洲分布：市郊山林、荒地。种群数量极少，为株洲市罕见鸟类。

摄影：姚　波

pǔ tōng yè yīng

普通夜鹰

yè yīng mù
夜鹰目
yè yīng kē
夜鹰科

- 三有保护
- 湖南省级保护

无危/LC

· Grey Nightjar · *Caprimulgus indicus*

普通夜鹰体长24cm~29cm，通体几乎全部带有暗褐色杂色斑，像块树皮，完美地与环境融为一体，很难发现。夜行性，繁殖期常在夜晚鸣叫，重复不断地发出响亮的“啾、啾”声。株洲分布：小区绿化、市郊山林。种群数量较多，为株洲市常见鸟类。

肖 亮

pǔ tōng cuì niǎo

普通翠鸟

fó fǎ sēng mù
佛法僧目
cuì niǎo kē
翠鸟科

无危/LC

· Common Kingfisher · *Alcedo atthis*

它就是溪流池塘边最特别的存在，飞翔时就像一道“蓝色闪电”。普通翠鸟为小型攀禽，体长19cm~17cm，身体呈浅蓝绿色，头顶布满暗蓝绿色的细斑，体背中央有一道鲜艳的蓝色十分显眼。它行动速度极快，入水捕鱼，就在一瞬间。株洲分布：神农湖、城市公园、沿江风光带、市郊水塘、溪流河道。种群数量较多，为株洲市常见鸟类。

廖常乐

bái xiōng fěi cuì

白胸翡翠

fó fǎ sēng mù
佛法僧目
cuì niǎo kē
翠鸟科

· 国家二级重点保护

无危/LC

· White - throated Kingfisher · *Halcyon smyrnensis*

白胸翡翠为小型攀禽，体长26cm~30cm，顾名思义，胸部白色，背部及尾羽天蓝色。白胸翡翠常单独活动，多站在水边树木枯枝上或石头上，有时亦站在电线上，常长时间地望着水面，以待猎食。飞行时成直线，速度较快，常边飞边叫，叫声尖锐而响亮。株洲分布：水库、市郊水塘。种群数量极少，为株洲市罕见鸟类。

📷肖 亮

bān yú gǒu

斑鱼狗

fó fǎ sēng mù
佛法僧目
cuì niǎo kē
翠鸟科

· Pied Kingfisher · *Ceryle rudis*

斑鱼狗体长27cm~31cm，通体呈黑白斑杂状，有白色眉纹，雄鸟上胸有两条黑色的胸带，雌鸟胸带模糊。斑鱼狗是惟一常盘桓水面寻食的鱼狗，食物以小鱼为主，兼吃甲壳类和多种水生昆虫及其幼虫，株洲分布：沿江风光带、水库、市郊水塘。种群数量较少，为株洲市偶见鸟类。

李 成

dài shèng

戴胜 | 犀鸟目 戴胜科

xī niǎo mù 犀鸟目

dài shèng kē 戴胜科

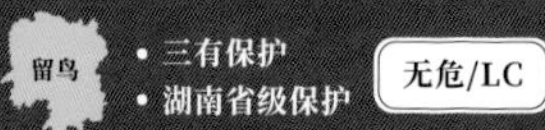

· Common Hoopoe · *Upupa epops*

戴胜体长25cm~31cm，最主要的识别特征是其头顶那顶高高的“帽子”，头侧和后颈淡棕色，上背和肩灰棕色。下背黑色且杂有淡棕色宽阔横斑。性活泼，喜开阔潮湿地面，长长的嘴在地面翻动寻找食物。有警情时冠羽立起，起飞后松懈下来。株洲分布：市郊林地、草地、荒地。种群数量极少，为株洲市罕见鸟类。

何胜华

bān jī zhuó mù niǎo

斑姬啄木鸟

zhuó mù niǎo mù
啄木鸟目
zhuó mù niǎo kē
啄木鸟科

无危/LC

· Speckled Piculet · *Picumnus innominatus*

斑姬啄木鸟为小型攀禽，体长9cm~10cm，头顶棕褐色，背部栗色偏绿，胸腹部布满大量黑色斑点，多栖息于市郊山林中，主要以蚂蚁、甲虫等昆虫为食，在树洞中筑巢。株洲分布：市郊林地、城市公园、大京水库。种群数量较少，为株洲市偶见鸟类。

廖常乐

zōng fù zhuó mù niǎo

棕腹啄木鸟

zhuó mù niǎo mù
啄木鸟目
zhuó mù niǎo kē
啄木鸟科

· 三有保护
· 湖南省级保护

无危/LC

· Rufous - bellied Woodpecke · *Dendrocopos hyperythrus*

棕腹啄木鸟为中型攀禽，体长19cm~23cm，顾名思义，其头颈胸腹均为棕色，背部及两翼具有黑白条纹，雄性头顶红色，雌性头顶黑色，且有白色斑点。株洲分布：市郊林地、沿江风光带。种群数量较少，为株洲市偶见鸟类。

📷 肖 亮

huī tóu lǜ zhuó mù niǎo

灰头绿啄木鸟

zhuó mù niǎo mù
啄木鸟目
zhuó mù niǎo kē
啄木鸟科

· 三有保护
· 湖南省级保护

无危/LC

· Grey - headed Woodpecker · *Picus canus*

灰头绿啄木鸟为中型攀禽，体长26cm~31cm，顾名思义，头部以及胸腹部为灰色，背部为绿色，雄鸟头顶红色。株洲分布：市郊林地、沿江风光带。种群数量较少，为株洲市偶见鸟类。

李　昂

家燕 jiā yàn

雀形目 què xíng mù

燕科 yàn kē

· Barn Swallow · *Hirundo rustica*

夏候鸟

- 三有保护
- 湖南省级保护

无危/LC

“落花人独立，微雨燕双飞”，燕子是我们人类最亲的鸟儿，也是文人墨客笔下作品的常客。家燕为中型鸣禽，体长17cm~19cm，上体蓝黑色，喉部栗色，胸腹白色，最大的特点是尾羽分叉，像剪刀。喜欢在屋檐下筑巢繁殖。常可见到它们成对地停落在村落附近的田野和河岸的树枝上，在电杆和电线上，也常结队在田野、河滩飞行掠过。飞行时张着嘴捕食蝇、蚊等各种昆虫。株洲分布：城市公园、城市小区绿地、行道树间、市郊山林、稻田、水塘。种群数量较多，为株洲市常见鸟类。

廖常乐

金腰燕 jīn yāo yàn

雀形目 què xíng mù
燕科 yàn kē

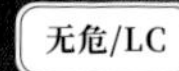

· Red - rumped Swallow · *Cecropis daurica*

金腰燕为小型鸣禽，体长16cm~20cm，上体黑色，具有辉蓝色光泽，腰部栗色，脸颊部棕色，下体棕白色，而多具有黑色的细纵纹，尾甚长且分叉，为深凹形。最显著的标志是有一条栗黄色的腰带，浅栗色的腰与深蓝色的上体成对比。多见于山间村镇附近的树枝或电线上，生活习性与家燕相似，不同的是它常停栖在山区海拔较高的地方。主要以昆虫为食。株洲分布：市郊山林、稻田、水塘。种群数量较多，为株洲市常见鸟类。

📷 廖常乐

山鹡鸰

què xíng mù
雀形目
jí líng kē
鹡鸰科

夏候鸟 · 三有保护 无危/LC

· Forest Wagtail · *Dendronanthus indicus*

山鹡鸰为小型鸣禽，体长16cm~18cm，主要羽色为褐色及黑白色，头部和上体橄榄褐色，眉纹白色，从嘴基直达耳羽上方,下体白色，胸部具有两道黑色横斑纹，下面的横斑纹有时不连续。飞行呈波浪式，在林间捕食，主要以昆虫为食。株洲分布：城市公园、市郊山林。种群数量较少，为株洲市偶见鸟类。

廖常乐

bái jí líng

白鹡鸰

què xíng mù
雀形目
jí líng kē
鹡鸰科

· White Wagtail · *Motacilla alba*

白鹡鸰为小型鸣禽，体长17cm~20cm，体羽为黑白二色，显著的特征是胸前有一大块黑色斑纹。栖息于村落、江河、小溪、水塘等附近，在离水较近的耕地、草场等均可见到。经常成对活动或结小群活动，以昆虫为食。觅食时地上行走，或在空中捕食昆虫。飞行时呈波浪式前进，停息时尾部不停上下摆动。株洲分布：神农湖、城市公园、沿江风光带、市郊水塘、稻田。种群数量较多，为株洲市常见鸟类。

廖常乐

huáng tóu jí líng 黄头鹡鸰

què xíng mù 雀形目
jí líng kē 鹡鸰科

· 三有保护　无危/LC

· Citrine Wagtail　· *Motacilla citreola*

黄头鹡鸰为小型鸣禽，体长16cm~20cm，顾名思义，这种鹡鸰的雄性头部是黄色的，雌鸟头部以黄色为主，头顶灰色，脸颊灰色。株洲分布：沿江风光带、市郊水塘、稻田。种群数量较少，为株洲市偶见鸟类。

📷李　成

huáng jí líng

黄鹡鸰

què xíng mù
雀形目
jí líng kē
鹡鸰科

· 三有保护

无危/LC

· Eastern Yellow Wagtail · *Motacilla tschutschensis*

黄鹡鸰为小型鸣禽，体长16cm~18cm，体型大小和白鹡鸰差不多，头顶蓝灰色或暗色，上体橄榄绿色或灰色，具黄色或黄白色眉纹，飞羽黑褐色具两道白色或黄白色横斑，尾黑褐色，最外侧两对尾羽大都白色。喜欢停栖在河边或河心石头上，尾不停地上下摆动。有时也沿着水边来回不停地走动，飞行时呈波浪式前进，常常边飞边叫，鸣声“唧、唧”。株洲分布：沿江风光带。种群数量较少，为株洲市偶见鸟类。

李剑志

树鹨(shù liù) | 雀形目(què xíng mù) 鹡鸰科(jí líng kē)

冬候鸟 · 三有保护 无危/LC

· Olive - backed Pipit · *Anthus hodgsoni*

树鹨为小型鸣禽，体长15cm~17cm，上体橄榄绿色具褐色纵纹，眉纹乳白色或棕黄色，耳后有一白斑，下体灰白色，胸前具黑褐色纵纹。野外停栖时，尾常上下摆动。株洲分布：沿江风光带、市郊稻田、荒地。种群数量较多，为株洲市常见鸟类。

廖常乐

huáng fù liù

黄腹鹨

què xíng mù
雀形目
jí líng kē
鹡鸰科

· Buff - bellied Pipit · *Anthus rubescens*

黄腹鹨属小型鸣禽，体长14cm~17cm，外形与树鹨尾部相似，主要识别特征是其喉部下方两侧有黑色斑块。野外停栖时，尾部常做有规律的上、下摆动，腿细长，善于在地面行走。株洲分布：市郊稻田、荒地、河道边。种群数量较少，为株洲市偶见鸟类。

李剑志

huī shān jiāo niǎo

灰山椒鸟

què xíng mù
雀形目
shān jiāo niǎo kē
山椒鸟科

· 三有保护 无危/LC

· Ashy Minivet · *Pericrocotus divaricatus*

灰山椒鸟是天生舞蹈家，它的飞行动作非常飘逸灵动，多只一起飞行时，像天上飘动的缎带，非常优美。灰山椒鸟为小型鸣禽，体长18cm~21cm，上体灰色或石板灰色，两翅和尾黑色，翅上具斜行白色翼斑，外侧尾羽先端白色。前额、头顶前部、颈侧和下体均白色，具黑色贯眼纹。雄鸟头顶后部至后颈黑色，雌鸟头顶后部和上体均为灰色。常成群在树冠层上空飞翔，边飞边叫，鸣声清脆，停留时常单独或成对栖于大树顶层侧枝或枯枝上。株洲分布：城市公园、市郊山林。种群数量较少，为株洲市偶见鸟类。

廖常乐.

雌鸟

huī hóu shān jiāo niǎo

灰喉山椒鸟

què xíng mù
雀形目
shān jiāo niǎo kē
山椒鸟科

• 三有保护
• 湖南省级保护

无危/LC

· Grey - chinned Minivet · *Pericrocotus solaris*

灰喉山椒鸟，体长17cm~19cm，城市鸟类中的时尚先锋，夫妻红黄两色绝对是最亮眼的一对！灰喉山椒鸟为小型鸣禽，雄鸟头部和背亮黑色，腰、尾上覆羽和下体朱红色，翅黑色具一大一小的两道朱红色翼斑。中央尾羽黑色，外侧尾羽基部黑色，端部红色。雌鸟额、头顶前部、颊、耳羽和整个下体均为黄色，上体多灰黑色。除繁殖期成对活动外，其他时候多成群活动，冬季有时集成数十只的大群。株洲分布：城市公园、市郊山林。种群数量较少，为株洲市偶见鸟类。

雄鸟
廖常乐

lǐng què zuǐ bēi

领雀嘴鹎

què xíng mù 雀形目 bēi kē 鹎科

留鸟

· 三有保护
· 湖南省级保护

无危/LC

· Collared Finchbill · *Spizixos semitorques*

领雀嘴鹎属于小型鸣禽，体长21cm~23cm，嘴短而粗厚、黄色，额和头顶前部黑色。上体暗橄榄绿色，下体橄榄黄色，最主要识别特征是喉颈部有一圈黑白相间的斑纹。株洲分布：城市公园、城市小区绿地、市郊山林、稻田、水塘、河道、溪流。种群数量较多，为株洲市常见鸟类。

廖常乐.

bái tóu bēi

白头鹎

què xíng mù
雀形目
bēi kē
鹎 科

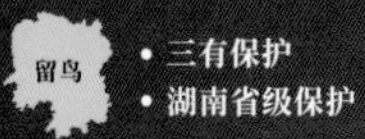

· Light - vented Bulbul · *Pycnonotus sinensis*

白头鹎属于小型鸣禽，体长18cm~20cm，整体黄绿色，头顶白色，由此得名。有时从栖处飞行捕食。白头鹎是株洲市最常见的一种鸟，多活动于丘陵或平原的树木灌丛中，也见于针叶林里。性活泼、不甚畏人。 杂食性，既食动物性食物，也吃植物性食物。株洲分布：神农湖、城市小区绿地、行道树间、城市公园、沿江风光带、大京水库、市郊山林、稻田、水塘等。种群数量较多，为株洲市常见鸟类。

📷 廖常乐

bái hóu hóng tún bēi

白喉红臀鹎

què xíng mù
雀形目
bēi kē
鹎 科

- 三有保护
- 湖南省级保护

无危/LC

· Sooty - headed Bulbul · *Pycnonotus aurigaster*

白喉红臀鹎属于小型鸣禽，体长19cm~21cm，顾名思义，其喉部白色，尾下覆羽血红色。常栖息于林缘乔木或灌丛中，以3~8只的小种群活动，胆大不惧人。属杂食性，但以植物性食物为主。株洲分布：神农湖。种群数量较少，为株洲市偶见鸟类。

📷廖常乐

lì bèi duǎn jiǎo bēi

栗背短脚鹎

què xíng mù
雀形目
bēi kē
鹎 科

无危/LC

· Chestnut Bulbul · *Hemixos castanonotus*

栗背短脚鹎为小型鸣禽，体长19cm~22cm，上体栗褐，头顶和羽冠黑色，翅和尾暗褐色具白色或灰白色羽缘，颏、喉白色，胸和两胁灰白色，腹中央和尾下覆羽白色。主要栖息于低山丘陵地区的次生阔叶林、林缘灌丛和稀树草坡灌丛及地边丛林等生境中。主要以植物性食物为食，也吃昆虫等动物性食物，属杂食性。株洲分布：市郊山林、城市公园。种群数量较少，为株洲市偶见鸟类。

📷姚 波

周佳俊

李 成

雌鸟

chéng fù yè bēi

橙腹叶鹎

què xíng mù
雀形目
yè bēi kē
叶鹎科

· 三有保护 无危/LC

· Orange - bellied Leafbird · *Chloropsis hardwickii*

橙腹叶鹎是种非常艳丽的小鸟，体长15cm~19cm，属于小型鸣禽，背部绿色，腹部橙色，小覆羽亮钴蓝色，形成明显的肩斑。颏、喉、上胸黑色具钴蓝色髭纹。主要栖息于低山丘陵地区的次生阔叶林、林缘灌丛和稀树草坡灌丛及地边丛林等生境中。主要以昆虫为食，也吃部分植物果实和种子。株洲分布：市郊山林。种群数量极少，为株洲市罕见鸟类。

虎纹伯劳
hǔ wén bó láo

雀形目 què xíng mù
伯劳科 bó láo kē

· 三有保护
· 湖南省级保护

无危/LC

· Tiger Shrike · *Lanius tigrinus*

虎纹伯劳为中型鸣禽，体长15cm~19cm、雄性成鸟额基、眼部有宽阔的贯眼纹黑色，上体肩羽及翅上覆羽栗红褐色，杂以黑色波状横斑，似老虎纹路，由此得名。一般栖息于树林、疏林边缘，巢址选在带荆棘的灌木及阔叶树上。性格凶猛，常停栖在固定场所，寻觅和抓捕猎物。主要食物是昆虫，也吃小鸟和蜥蜴。株洲分布：神农湖、市郊山林。种群数量极少，为株洲市罕见鸟类。

李 成

红尾伯劳 | 雀形目 伯劳科

què xíng mù 雀形目
bó láo kē 伯劳科

· 三有保护
· 湖南省级保护

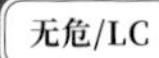

· Brown Shrike · *Lanius cristatus*

红尾伯劳为中型鸣禽，体长17cm~20cm，头顶灰色，脸颊、喉部白色，胸部、腹部淡棕色，两胁橘色，尾羽红褐色，因此得名。株洲分布：城市公园、市郊山林。种群数量较少，为株洲市偶见鸟类。

廖常乐

zōng bèi bó láo

棕背伯劳

què xíng mù
雀形目
bó láo kē
伯劳科

- 三有保护
- 湖南省级保护

无危/LC

· Long - tailed Shrike · *Lanius schach*

棕背伯劳属于中型鸣禽。体长20cm~25cm，背棕红色，尾长、黑色，两翅黑色具白色翼斑，具黑色贯眼纹。喜欢独自站在电线或者空旷地面上方的树杈上，性格凶猛，常将猎获物挂在带刺的树上，在树刺的帮助下，将其杀死，撕碎而食之，故有人称其为屠夫鸟。主食青蛙、蜥蜴和鼠类。株洲分布：神农湖、城市小区绿地、城市公园、沿江风光带、大京水库、市郊山林、稻田、水塘等。种群数量较多，为株洲市常见鸟类。

📷 廖常乐

hēi juǎn wěi

黑卷尾

què xíng mù
雀形目
juǎn wěi kē
卷尾科

· Black Drongo · *Dicrurus macrocercus*

无危/LC

黑卷尾属于中型鸣禽，体长24cm~30cm，通体黑色，上体、胸部及尾羽具辉蓝色光泽。尾长为深凹形，最外侧一对尾羽向外上方卷曲，由此得名。栖息活动于开阔地区，繁殖期有非常强的领域行为，性凶猛，非繁殖期喜结群打斗。平时栖息在山麓或沿溪的树顶上，在开阔地常落在电线上。数量多，常成对或集成小群活动，动作敏捷，边飞边叫。主要从空中捕食飞虫。株洲分布：市郊山林、水田、荒地。种群数量较少，为株洲市偶见鸟类。

肖 亮

八哥（bā gē）

雀形目（què xíng mù）
椋鸟科（liáng niǎo kē）

留鸟

- 三有保护
- 湖南省级保护

无危/LC

· Crested Myna　· *Acridotheres cristatellus*

八哥属于中型鸣禽，体长23cm~28cm，嘴形尖而较直，呈乳黄色，虹膜橙黄色，额羽耸立于嘴基上，有如冠状，最主要的识别特征是通体几乎纯黑色，飞行时两翅下会有两块白色圆斑，极为醒目。八哥喜欢与人类共同生活，高速公路旁、行道树里、绿化草地上都有它们的身影。株洲分布：神龙湖（这里八哥超级多，神农塔下成片的八哥叽叽喳喳叫个不停）、行道树间、沿江风光带、市郊农田。种群数量较多，为株洲市常见鸟类。

李 成

hēi lǐng liáng niǎo

黑领椋鸟

què xíng mù
雀形目
liáng niǎo kē
椋鸟科

· 三有保护

无危/LC

· Black - collared Starling · *Gracupica nigricollis*

黑领椋鸟属于中型鸣禽，体长27cm~31cm，整个头和下体白色，上胸黑色并向两侧延伸至后颈，形成宽阔的黑色领环，眼周裸皮黄色，嘴黑色。常成对或成小群活动，有时也见和八哥混群。鸣声单调、嘈杂，特别是当人接近的时候，常常发出嘈杂的叫声。觅食多在地上，可学习发声说话。株洲分布：市郊水田、荒地。种群数量较少，为株洲市偶见鸟类。

📷梁 毅

bĕi liáng niăo

北椋鸟

què xíng mù
雀形目
liáng niăo kē
椋鸟科

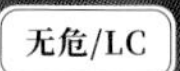

· Daurian Starling · *Agropsar sturninus*

北椋鸟属于中型鸣禽，全长约16cm~19cm，背部深色，腹部白色。栖息于阔叶林或田野内，食植物果实，种子，昆虫。株洲分布：市郊山林、农田。种群数量极少，为株洲市罕见鸟类。

何胜华

sī guāng liáng niǎo

丝光椋鸟

què xíng mù
雀形目
liáng niǎo kē
椋鸟科

· 三有保护

· Silky Starling · *Spodiopsar sericeus*

丝光椋鸟属于中型鸣禽，体长18cm~23cm，嘴朱红色，脚橙黄色，雄鸟头、颈丝光白色或棕白色，非常像一位把头发往后梳理，涂着厚重发蜡的大老板。识别特点是整体灰褐色，休息时黑色两翅边缘有两块长条小白斑，飞翔时，两翅底部可见两块较大的浅黄色的斑纹，雌鸟头顶前部棕白色，后部暗灰色，上体灰褐色，下体浅灰褐色，其他同雄鸟。春夏季城市中少见，到了秋冬季，丝光椋鸟会成群结队地到城市里觅食栖息，冬天成百上千的鸟儿成群地在城市中飞来飞去的就是它们了！株洲分布：城市公园、行道树间、沿江风光带、市郊农田。种群数量较多，为株洲市常见鸟类。

📷廖常乐

huī liáng niǎo

灰椋鸟

què xíng mù
雀形目
liáng niǎo kē
椋鸟科

· 三有保护

无危/LC

· White - cheeked Starling · *Spodiopsar cineraceus*

灰椋鸟属于中型鸣禽，体长19cm~23cm，头顶至后颈黑色，脸颊有块白色夹杂着黑纹的斑块，嘴橙红色，尖端黑色，上体灰褐色，尾上覆羽白色，脚橙黄色。栖息于平原或山区的稀树地带，繁殖期成对活动，非繁殖期常集群活动，主要取食昆虫。株洲分布：神农湖。种群数量较少，为株洲市偶见鸟类。

📷姚　波

sōng yā

松鸦 | 雀形目 鸦科

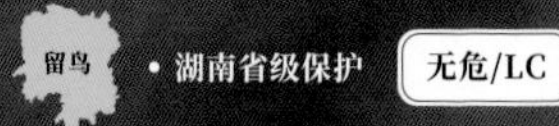

· Eurasian Jay · *Garrulus glandarius*

松鸦属中型鸣禽，体长30cm~36cm，最主要的识别特征是口角至喉侧有一条短粗的黑色斑纹，翅上有辉亮的黑、白、蓝三色相间的横斑，极为醒目。松鸦非常聪明，它会在秋天将植物的果子埋在森林的某个角落，等到冬天来临时，它就会来寻找之前埋下的食物，即使食物被雪覆盖，它也能准确找到。株洲分布：城市公园、市郊山林。种群数量较少，为株洲市偶见鸟类。

📷李　成

hóng zuǐ lán què

红嘴蓝鹊

què xíng mù
雀形目
yā kē
鸦科

· 三有保护
· 湖南省级保护

无危/LC

· Red - billed Blue Magpie · *Urocissa erythroryncha*

红嘴蓝鹊属于大型鸣禽，体长42cm~60cm，识别特征是那红红的嘴巴，以及上体披覆着蓝色的羽毛，尾长且有黑白交替的斑纹。红嘴蓝鹊非常喜欢唱歌，但歌声真的真的很难听，常成群结伴地飞翔，并发出“嘎——嘎——嘎”的、粗犷嘶哑、撕心裂肺地的叫声。此外，红嘴蓝鹊还非常凶，有时甚至不把鹰、隼这些猛禽放在眼里，一旦其他鸟类惹它们生气了，它们便会成群地发起攻击。株洲分布：城市公园、市郊山林、稻田、荒地。种群数量较少，为株洲市偶见鸟类。

📷 廖常乐

xǐ què

喜鹊

què xíng mù
雀形目
yā kē
鸦 科

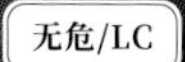

· Common Magpie · *Pica pica*

喜鹊是种吉祥鸟，体长40cm~50cm，“喜上眉梢”的寓意经常出现在陶瓷、剪纸、书画作品中，另外七月七日夜，牛郎织女的鹊桥相会，就是喜鹊的功劳。喜鹊属于大型鸣禽，上体黑色，腹部白色，翅上有一大块白斑，尾部长且偏蓝色。栖息地多样，常出没于人类活动地区，喜欢将巢筑在民宅旁的大树上，全年大多成对生活，杂食性，在旷野和田间觅食，繁殖期捕食昆虫、蛙类等小型动物，也盗食其他鸟类的卵和雏鸟，兼食瓜果、谷物、植物种子等。株洲分布：城市公园、城市绿化带、市郊山林、稻田、荒地。种群数量较多，为株洲市常见鸟类。

廖常乐

lán hóu gē qú

蓝喉歌鸲

què xíng mù
雀形目
wēng kē
鹟科

· 国家二级重点保护

· Bluethroat · *Luscinia svecica*

蓝喉歌鸲属于小型鸣禽，体长14cm~16cm，识别特征是喉部有一块亮蓝色斑纹，十分显眼。栖息于灌丛或芦苇丛中。性情胆怯，常在地下作短距离奔驰，停下时，会不时地扭动尾羽或将尾羽展开。主要以昆虫、蠕虫等为食，也吃植物种子等。营巢于灌丛、草丛中的地面上。株洲分布：市郊水塘、沼泽、荒地。种群数量极少，为株洲市罕见鸟类。

📷李 成

hóng xié lán wěi qú

红胁蓝尾鸲

què xíng mù
雀形目
wēng kē
鹟 科

· 三有保护
· 湖南省级保护

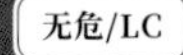

· Orange - flanked Bluetail · *Tarsiger cyanurus*

红胁蓝尾鸲属于小型鸣禽，体长12cm~14cm，特征为橘红色两胁与白色腹部及臀成对比，雄鸟上体蓝色，眉纹白，尾上覆羽蓝紫色，雌鸟与雌性蓝歌鸲的区别在喉褐色而具白色中线，而非喉全白，两胁橘黄而非皮黄。株洲分布：城市公园、市郊山林。种群数量较少，为株洲市偶见鸟类。

廖常乐

鹊鸲 | 雀形目 鹟科

què qú

què xíng mù wēng kē

· Oriental Magpie Robin · *Copsychus saularis*

鹊鸲属于中型鸣禽，体长19cm~22cm，又称小喜鹊，通体黑色，两翅与尾羽各具有两条细长白斑。鹊鸲是一种融入城市生活的鸟类，马路两旁的行道树、小区里的绿化带、城市公园等地都能见到它。鹊鸲性格活泼好动，觅食时常摆尾，不分四季晨昏，在高兴时会在树枝或大厦外墙鸣唱，因此在中国内地有“四喜儿”之称。食物以昆虫为主，兼吃少量草籽和野果，是孟加拉的国鸟。株洲分布：城市公园、行道树间、沿江风光带、市郊农田。种群数量较多，为株洲市常见鸟类。

📷 廖常乐

雄鸟

bĕi hóng wĕi qú

北红尾鸲

què xíng mù
雀形目
wēng kē
鹟 科

· 三有保护

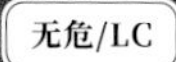

· Daurian Redstart · *Phoenicurus auroreus*

北红尾鸲属于小型鸣禽，体长13cm~15cm，雄鸟头顶直至背部石板灰色，下背和两翅黑色具明显的白色翅斑，腰、尾上覆羽和尾橙棕色，中央一对尾羽和最外侧一对尾羽黑色。前额基部、头侧、颈侧、颏喉和上胸概为黑色，其余下体橙棕色。雌鸟上体橄榄褐色，两翅黑褐色具白斑，眼圈微白，下体暗黄褐色。栖息于山地、森林、河谷、林缘和居民点附近的灌丛与低矮树丛中，主要以昆虫为食。株洲分布：神农湖、城市公园、沿江风光带、市郊农田、水库、水塘。种群数量较多，为株洲市常见鸟类。

雌鸟

廖常乐

hēi hóu shí jí

黑喉石䳭

què xíng mù
雀形目
wēng kē
鹟科

留鸟 · 三有保护 无危/LC

· Siberian Stonechat · *Saxicola maurus*

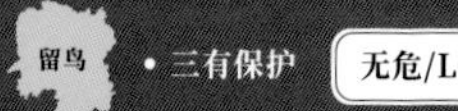

黑喉石䳭属于小型鸣禽，体长12cm~15cm，雄鸟头部、喉部及飞羽黑色，颈及翼上具粗大的白斑，腰白，胸棕色。雌鸟色较暗而无黑色，喉部浅白色。黑喉石䳭常单独或成对活动，一般营巢于林缘草甸或灌丛中，主要以昆虫为食，也食少量植物果实和种子。株洲分布：神农湖、沿江风光带，市郊水塘、荒地。种群数量较少，为株洲市偶见鸟类。

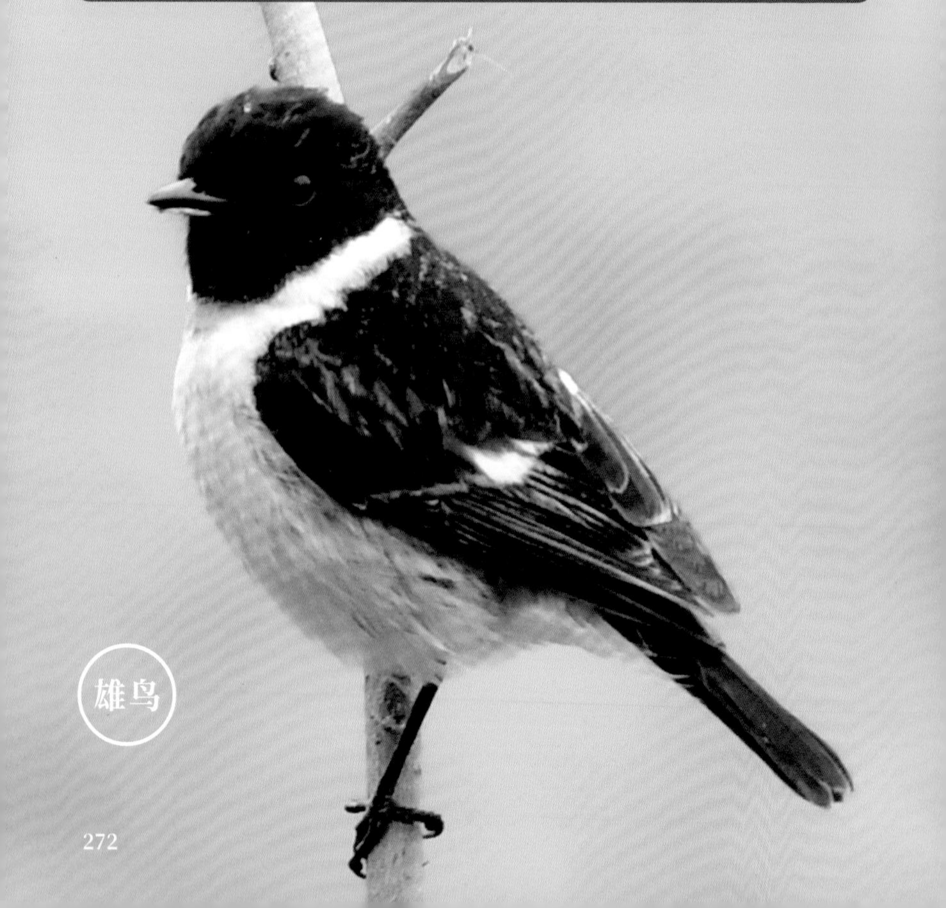

雄鸟

雌鸟
李 成

wū wēng

乌鹟 | 雀形目 鹟科

(què xíng mù / wēng kē)

· Dark - sided Flycatcher · *Muscicapa sibirica*

乌鹟属于小型鸣禽，体长12cm~14cm，上体灰褐色，两翼深褐色。眼深色，白色眼圈明显，喉白，通常具白色的半颈环。树栖性，常在高树树冠层，很少下到地上活动和觅食。主食昆虫，也食少量种子。株洲分布：沿江风光带、城市公园。种群数量极少，为株洲市罕见鸟类。

李剑志

běi huī wēng
北灰鹟

què xíng mù
雀形目
wēng kē
鹟科

· 三有保护
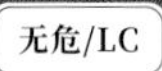

· Asian Brown Flycatcher · *Muscicapa dauurica*

北灰鹟形态与乌鹟相似，体长12cm~14cm，主要识别特征是眼先白，喙基部黄色。株洲分布：沿江风光带、城市公园。种群数量较少，为株洲市偶见鸟类。

李剑志

乌灰鸫 wū huī dōng

雀形目 què xíng mù
鸫科 dōng kē

夏候鸟 · 三有保护 无危/LC

· Japanese Thrush · *Turdus cardis*

乌灰鸫属于中型鸣禽，体长18cm~23cm，雄鸟上体纯黑灰，头及上胸黑色，下体余部白色，腹部及两胁具黑色点斑。雌鸟上体灰褐，下体白色，上胸具偏灰色的横斑，胸侧及两胁红褐色，胸及两侧具黑色点斑。主要栖息低海拔森林、灌丛中。株洲分布：神农湖、市郊山林。种群数量极少，为株洲市珍稀鸟类。

📷 姚 波

wū dōng
乌鸫

què xíng mù
雀形目
dōng kē
鸫 科

留鸟 · 湖南省级保护 无危/LC

· Chinese Blackbird · *Turdus mandarinus*

乌鸫属于中型鸣禽，体长28cm~29cm，雄性乌鸫除了黄色的眼圈和喙外，全身都是黑色。雌性和初生的乌鸫没有黄色的眼圈，但有一身褐色的羽毛和喙，别看其相貌平平，它可是瑞典国鸟！栖息于次生林、阔叶林、针阔叶混交林和针叶林等各种不同类型的森林中。是杂食性鸟类，食物包括昆虫、蚯蚓、种子和果实。株洲分布：神农湖、城市公园、城市小区绿化、行道树间、沿江风光带、市郊山林。种群数量较多，为株洲市常见鸟类。

廖常乐

bān dōng

斑鸫 | què xíng mù 雀形目 dōng kē 鸫科

· 三有保护
· 湖南省级保护

无危/LC

· Dusky Thrush · *Turdus eunomus*

斑鸫属于中型鸣禽，体长19cm~24cm，上体灰褐色，眉纹淡棕红色，腰和尾上覆羽有时具栗斑或为棕红色，翅黑色，胸前及两胁有黑白相间或棕色的鳞形斑纹。栖息于各种类型森林和林缘灌丛地带。除繁殖期成对活动外，其他季节多成群，主要以昆虫为食。株洲分布：神农湖、城市公园、市郊荒地。种群数量较少，为株洲市偶见鸟类。

📷 肖 亮

shòu dài

寿带

què xíng mù
雀形目
wáng wēng kē
王鹟科

夏候鸟

• 三有保护
• 湖南省级保护

无危/LC

· Amur Paradise - Flycatcher · *Terpsiphone incei*

寿带鸟是一种非常美丽的鸟类，体长20cm~42cm，属于小型鸣禽，雄鸟有栗色型和白色型两种。最显著的识别特征是头部蓝黑色，背部及尾部棕红色，中央两枚尾羽特别长，像两条长长的缎带，因此得名。寿带鸟特别爱干净，如果运气好，你能发现它不断地扑入水面，拍打着翅膀，像蜻蜓点水一般，然后飞回岸边树枝，慢慢地梳理自己羽毛。寿带鸟性格比较活泼，喜欢在林间穿梭飞行，以昆虫和蜘蛛为主食，主要空中捕食正在飞行的昆虫，也食用少量植物种子。株洲分布：市郊山林。种群数量极少，为株洲市罕见鸟类。

廖常乐

李 成

hēi liǎn zào méi

黑脸噪鹛

què xíng mù
雀形目
zào méi kē
噪鹛科

· 三有保护
· 湖南省级保护

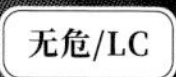

· Masked Laughingthrush · *Garrulax perspicillatus*

黑脸噪鹛属于中型鸣禽，体长21cm~24cm，整体灰褐色，脸是黑色的，非常醒目。栖息于平原和低山丘陵地带地灌丛与竹丛中，也出入于庭院、人工苗圃、农田地边和村寨附近的疏林和灌丛内。常成对或成小群活动，特别是秋冬季节集群较大，有时和白颊噪鹛混群。属杂食性，但主要以昆虫为主，也吃其他无脊椎动物、植物果实、种子和部分农作物。株洲分布：神农湖、城市公园、沿江风光带、市郊山林、稻田。种群数量较多，为株洲市常见鸟类。

廖常乐

huà méi

画眉 | 雀形目 噪鹛科

què xíng mù　zào méi kē

· Hwamei　· *Garrulax canorus*

留鸟　• 国家二级重点保护　近危/NT

画眉属于中型鸣禽，体长21cm~24cm，眼圈白色，并沿上缘形成一窄纹向后延伸至枕侧，形成清晰的眉纹，由此得名。画眉性机敏，常在林下的草丛中觅食，不善远距离飞翔。雄鸟在繁殖期常单独藏匿在杂草及树枝间鸣叫，声音十分洪亮，歌声悠扬婉转，非常动听。株洲分布：神农湖、城市公园、沿江风光带、市郊山林、稻田。种群数量较多，为株洲市常见鸟类。

📷廖常乐

bái jiá zào méi

白颊噪鹛

què xíng mù 雀形目

zào méi kē 噪鹛科

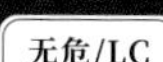

· White - browed Laughingthrush · *Garrulax sannio*

白颊噪鹛属于中型鸣禽，体长22cm~24cm，眉纹和颊部白色，非常吵闹的一种鸟类，头顶羽毛有时竖起，经常成群活动，多在森林中下层和地上活动和觅食，主要以昆虫和昆虫幼虫等动物性食物为食，也吃植物果实和种子。株洲分布：神农湖、城市公园、沿江风光带、市郊山地、水库、稻田、水塘、荒地。种群数量较多，为株洲市常见鸟类。

📷 廖常乐

zōng jǐng gōu zuǐ méi

棕颈钩嘴鹛

què xíng mù
雀形目
lín méi kē
林鹛科

· 湖南省级保护 无危/LC

· Streak - breasted Scimitar Babbler · *Pomatorhinus ruficollis*

棕颈钩嘴鹛属于小型鸣禽，体长16cm~19cm，嘴细长而向下弯曲，具显著的白色眉纹和黑色贯眼纹。上体橄榄褐色或棕褐色，后颈栗红色。颏、喉白色，胸白色具栗色或黑色纵纹，也有的无纵纹和斑点，其余下体橄榄褐色。主要以昆虫和昆虫幼虫为食，也吃植物果实与种子。该鸟由于体态优美，鸣声悦耳动听，是种非常招人喜欢的鸟类。株洲分布：神农湖、城市公园、市郊林地。种群数量较少，为株洲市偶见鸟类。

摄影：廖常乐

hóng tóu suì méi

红头穗鹛

què xíng mù
雀形目
lín méi kē
林鹛科

· Rufous - capped Babbler · *Cyanoderma ruficeps*

红头穗鹛属于小型鸣禽，体长10cm~12cm，最显著的识别特征是头顶亮眼的棕红色，喉部淡黄色。主要以昆虫为食，偶尔也吃少量植物果实与种子。常成小群与棕颈钩嘴鹛、灰眶雀鹛、红头长尾山雀等鸟类混群活动。株洲分布：城市公园、大京水库、市郊山林。种群数量较少，为株洲市偶见鸟类。

📷 廖常乐

huī kuàng què méi

灰眶雀鹛

què xíng mù
雀形目
yōu méi kē
幽鹛科

· Grey - cheeked Fulvetta · *Alcippe morrisonia*

灰眶雀鹛属于小型鸣禽，体长12cm~14cm，头大灰色、眼圈白色。灰眶雀鹛栖息于低海拔山地和山脚平原地带的森林和灌丛中，主要以昆虫及其幼虫为食，常小群活动，与大山雀、红头穗鹛等林鸟协同捕食。株洲分布：城市公园、市郊山林。种群数量较少，为株洲市偶见鸟类。

廖常乐

zōng tóu yā què

棕头鸦雀

què xíng mù
雀形目
yīng méi kē
莺鹛科

· 湖南省级保护 无危/LC

· Vinous - throated Parrotbill · *Sinosuthora webbiana*

棕头鸦雀属于小型鸣禽，体长11cm~13cm，头顶至上背棕红色，上体余部橄榄褐色，翅红棕色，尾长，嘴像鹦鹉而十分细小。常栖息于低海拔的灌丛及林缘地带，成群活动，常在灌木或小树枝叶间跳跃，或从一棵树飞向另一棵树，一般短距离低空飞翔，不做长距离飞行。主要以昆虫为食，也吃蜘蛛等其他小型无脊椎动物和植物果实与种子。株洲分布：城市公园、沿江风光带、市郊山林、荒地。种群数量较多，为株洲市常见鸟类。

廖常乐

chún sè shān jiāo yīng

纯色山鹪莺

què xíng mù
雀形目
shàn wěi yīng kē
扇尾莺科

无危/LC

· Plain Prinia · *Prinia inornata*

纯色山鹪莺属于小型鸣禽，体长11cm~15cm，眉纹色浅，背部灰5褐色，脸颊与胸腹部浅色，尾羽中间长，呈扇形。栖息于湿地和长满草的山边。此鸟经常结伴出现在神农湖边的芦苇丛中，叽叽喳喳，甚是热闹。主要以昆虫和昆虫幼虫为食，也吃少量小型无脊椎动物和杂草种子。株洲分布：神农湖、市郊水田、河道、荒地、湿地沼泽。种群数量较多，为株洲市常见鸟类。

廖常乐

huáng fù shān jiāo yīng

黄腹山鹪莺

què xíng mù
雀形目
shàn wěi yīng kē
扇尾莺科

无危/LC

· Yellow - bellied Prinia · *Prinia flaviventris*

黄腹山鹪莺属于小型鸣禽，体长12cm~14cm，形态与纯色山鹪莺相似，主要区别是繁殖羽头顶灰色，眼先黑色，喉部及上胸白色，腹部黄色。非繁殖季节喉部及上胸灰白色。尾部多竖起，常在湿地的灌丛或芦苇地中。株洲分布：市郊水田、河道、荒地、湿地沼泽。种群数量较少，为株洲市偶见鸟类。

摄影：廖常乐

zōng liǎn wēng yīng

棕脸鹟莺

què xíng mù
雀形目
shù yīng kē
树莺科

· Rufous - faced Warbler · *Abroscopus albogularis*

棕脸鹟莺属于小型鸣禽，体长8cm~9cm，主要识别特征是脸部橙色，侧冠纹黑色。栖息于低海拔阔叶林和竹林中，繁殖期多单独或成对活动，其他季节亦成群。频繁在树枝间飞来飞去，多在空中飞翔捕食，多以昆虫为食。株洲分布：城市公园、小区绿化带、市郊山林。种群数量较少，为株洲市偶见鸟类。

李 成

yuǎn dōng shù yīng

远东树莺

què xíng mù
雀形目
shù yīng kē
树莺科

无危/LC

· Manchurian Bush Warbler · *Horornis canturians*

远东树莺属于小型鸣禽，体长15cm~18cm，通体棕色，污黄色眉纹显著，眼纹深褐，无翼斑或顶纹。栖息于低山、丘陵的林缘道旁次生林和灌丛中。主要以昆虫和昆虫幼虫为食。株洲分布：市郊山林。种群数量较少，为株洲市偶见鸟类。

李剑志

qiáng jiǎo shù yīng

强脚树莺

què xíng mù
雀形目
shù yīng kē
树莺科

· Brownish - flanked Bush - warbler · *Horornis fortipes*

强脚树莺属于小型鸣禽，体长11cm~13cm，上体及两肋棕褐色，眉纹不明显。夏季在山区繁殖，冬季迁徙至低海拔处。主要以昆虫和昆虫幼虫为食。株洲分布：市郊山林、种群数量较少，为株洲市偶见鸟类。

📷肖 亮

hè liǔ yīng

褐柳莺

què xíng mù
雀形目
liǔ yīng kē
柳莺科

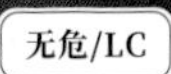

· Dusky Warbler · *Phylloscopus fuscatus*

褐柳莺属于小型鸣禽，体长11cm~12cm，主要识别特征为整体灰褐色，眉纹前白后褐。常单独或成对活动，多在林下、林缘和溪边灌丛与草丛中活动。株洲分布：市郊山林、水库边。种群数量较少，为株洲市偶见鸟类。

廖常乐

huáng yāo liǔ yīng
黄腰柳莺

què xíng mù
雀形目
liǔ yīng kē
柳莺科

· 三有保护

无危/LC

· Pallas's Leaf - warbler · *Phylloscopus proregulus*

黄腰柳莺属于小型鸣禽，体长9cm~10cm，上体橄榄绿色，头顶中央有一道淡黄绿色纵纹，眉纹前端鲜黄色，腰部有明显的黄带，翅上两条深黄色翼斑明显。性活泼、行动敏捷，常在树顶枝叶间跳来跳去寻觅食物，食物主要为昆虫。株洲分布：沿江风光带、小区绿化带、市郊山林。种群数量较多，为株洲市常见鸟类。

肖 亮

huáng méi liǔ yīng

黄眉柳莺

què xíng mù
雀形目
liǔ yīng kē
柳莺科

· 三有保护 无危/LC

· Yellow - browed Warbler · *Phylloscopus inornatus*

黄眉柳莺属于小型鸣禽，体长10cm~11cm，形态与黄腰柳莺相似，头部色泽较深，眉纹偏白色，腰部无明显黄带。常在枝尖不停地穿飞捕虫，有时飞离枝头扇翅，将昆虫哄赶起来，再追上去啄食。株洲分布：沿江风光带、市郊山林。种群数量较少，为株洲市偶见鸟类。

📷李 昂

àn lǜ xiù yǎn niǎo

暗绿绣眼鸟

què xíng mù
雀形目
xiù yǎn niǎo kē
绣眼鸟科

· 三有保护
· 湖南省级保护

无危/LC

· Japanese White - eye · *Zosterops japonicus*

暗绿绣眼鸟属于小型鸣禽，体长10cm~12cm，上体绿色，眼周有一白色眼圈极为醒目，下体白色，颏、喉和尾下覆羽淡黄色。此鸟性格活泼，在林间的树枝间敏捷地穿飞跳跃。喜欢成群活动，主要在阔叶林营巢，巢小而精致，为吊篮式，隐藏在枝叶间，不易发现。主要以昆虫和一些植物为食物。株洲分布：城市公园，市郊山林。种群数量较少，为株洲市偶见鸟类。

📷梁　毅

hóng tóu cháng wěi shān què

红头长尾山雀

què xíng mù
雀形目
cháng wěi shān què kē
长尾山雀科

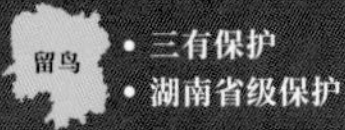

· Black - throated Bushtit · *Aegithalos concinnus*

红头长尾山雀属于小型鸣禽，体长9cm~12cm，我称它为“熬夜鸟”，最显著的识别特征是两眼周围及脸颊黑色、喉中部具大块黑斑，像极了刚熬完夜，没睡醒，眼圈发黑的人。主要栖息于山地森林和灌木林间，也见于果园、茶园等人类居住地附近的小林内。主要以昆虫为食。株洲分布：城市公园、小区绿化带、市郊山林。种群数量较少，为株洲市偶见鸟类。

廖常乐

李 成

huáng fù shān què

黄腹山雀

què xíng mù
雀形目
shān què kē
山雀科

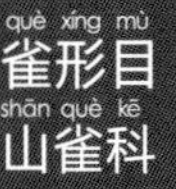

· 三有保护
· 湖南省级保护

· Yellow - bellied Tit · *Pardaliparus venustulus*

黄腹山雀属于小型鸣禽，体长9cm~11cm，雄鸟头和上背黑色，脸颊和后颈各具一白色块斑，翅上覆羽深褐色，中覆羽和大覆羽具黄白色端斑，在翅上形成两道翅斑，飞羽暗褐色，颏至上胸黑色，腹部亮黄色。雌鸟上体灰绿色，颏、喉、颊和耳羽灰白色，其余下体淡黄绿色。主要栖息于森林山地的各种林木中，冬季多下到低山和山脚平原地带的次生林、人工林和林缘疏林灌丛地带。主要以昆虫为食，也吃植物果实和种子等植物性食物。株洲分布：城市公园、市郊山林、大京水库。种群数量较少，为株洲市偶见鸟类。

雄鸟

廖常乐

dà shān què

大山雀

què xíng mù
雀形目
shān què kē
山雀科

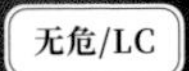

· Cinereous Tit · *Parus cinereus*

大山雀属于小型鸣禽，体长12cm~14cm，是世界上最大的山雀，主要的识别特征为头部黑色，脸颊有两块大白斑，下体白色，胸、腹有一条宽阔的中央黑色纵纹与颏、喉黑色相连。大山雀非常聪明，性较活泼而大胆，不惧人。行动敏捷，常在树枝间穿梭跳跃，或从一棵树飞到另一棵树上，主要以昆虫为食。株洲分布：神农湖、城市公园、沿江风光带、市郊山地、水田、水塘、荒地。种群数量较多，为株洲市常见鸟类。

廖常乐

shān má què

山麻雀

què xíng mù
雀形目
què kē
雀科

· Russet Sparrow · *Passer cinnamomeus*

山麻雀属于小型鸣禽，体长11cm~14cm，与麻雀相似，主要识别特征是脸颊后部没有黑斑。栖息于低山丘陵和山脚平原地带的各类森林和灌丛中，性喜结群，除繁殖期间单独或成对活动外，其他季节多呈小群。属杂食性鸟类，主要以植物性食物和昆虫为食。株洲分布：市郊山林。种群数量较少，为株洲市偶见鸟类。

雌鸟

廖常乐

李 成

má　què
麻雀

què xíng mù
雀形目
què　kē
雀　科

• 三有保护
• 湖南省级保护

无危/LC

· Eurasian Tree Sparrow　· *Passer montanus*

麻雀属于小型鸣禽，体长12cm~15cm，它是我们城市中最最常见的小鸟了，顶冠及颈背褐色，脸白色，成鸟在脸颊后部有块显著的黑斑。麻雀多活动在有人类居住的地方，性极活泼，胆大易近人，但警惕性却非常高，好奇心较强。麻雀喜欢成群活动，多营巢于人类的房屋处，如屋檐、墙洞，有时会占领家燕的窝巢，在野外，多筑巢于树洞中，麻雀喜欢成群活动，属杂食性鸟类，主要以植物性食物和昆虫为食。株洲分布：神农湖、城市公园、行道树间、沿江风光带、市郊山地、稻田、水塘。种群数量较多，为株洲市常见鸟类。

廖常乐

bái yāo wén niǎo

白腰文鸟

què xíng mù
雀形目
méi huā què kē
梅花雀科

留鸟

无危/LC

· White - rumped Munia · *Lonchura striata*

白腰文鸟属于小型鸣禽，体长10cm~12cm，腰白色，颈侧和上胸有鳞状斑。栖息于低山、丘陵和山脚平原地带。性好结群，除繁殖期间多成对活动外，其他季节多成群，常成数只或十多只在一起，秋冬季节亦见数十只甚至上百只的大群，无论是飞翔或是停息时，常常挤成一团。主要以植物种子、果实为食，也吃少量的昆虫。株洲分布：城市公园、大京水库、市郊稻田、菜地、荒地。种群数量较多，为株洲市常见鸟类。

廖常乐

李 成

bān wén niǎo

斑文鸟

què xíng mù
雀形目
méi huā què kē
梅花雀科

· Scaly - breasted Munia · *Lonchura punctulata*

斑文鸟属于小型鸣禽，体长10cm~12cm，形态与白腰文鸟相似，主要识别特征是无白腰，胸腹部有大面积的鳞状斑。栖息于低山、丘陵、山脚和平原地带的稻田、村落、林缘疏林及河谷地区。除繁殖期间成对活动外，多成群，常成20~30只甚至上百只的大群活动和觅食，有时也与麻雀和白腰文鸟混群。主要以植物种子、果实为食，也吃少量的昆虫。株洲分布：市郊山林、菜地、荒地。种群数量较少，为株洲市偶见鸟类。

幼鸟

廖常乐

yàn　què
燕雀

què xíng mù
雀形目
yàn què kē
燕雀科

· Brambling　· *Fringilla montifringilla*

燕雀属于小型鸣禽，体长13cm~16cm，嘴粗壮而尖，呈圆锥状，从头至背灰黑色，背具黄褐色羽缘。腰白色，喉、胸橙黄色，腹至尾下覆羽白色，两胁淡棕色而具黑色斑点。主要以草籽、果实、种子等植物性食物为食，尤以杂草种子最喜吃，也吃树木种子、果实。株洲分布：城市公园、市郊山林、水田。种群数量较少，为株洲市偶见鸟类。

廖常乐

jīn chì què

金翅雀

què xíng mù
雀形目
yàn què kē
燕雀科

- 三有保护
- 湖南省级保护

无危/LC

· Grey - capped Greenfinch · *Chloris sinica*

金翅雀属于小型鸣禽，体长12~14cm，腰金黄色，尾下覆羽和尾基金黄色，翅上翅下都有一块大的金黄色块斑，无论站立还是飞翔时都十分醒目，因此得名。常单独或成对活动，秋冬季节也成群，有时集群多达数十只甚至上百只。株洲分布：沿江风光带、市郊水田、菜地、荒地。种群数量较多，为株洲市常见鸟类。

李 成

hēi wěi là zuǐ què

黑尾蜡嘴雀

què xíng mù
雀形目
yàn què kē
燕雀科

· 三有保护
· 湖南省级保护

无危/LC

· Chinese Grosbeak · *Eophona migratoria*

黑尾蜡嘴雀属于中型鸣禽，体长15cm~18cm该物种雄雌异形异色，嘴粗大、黄色，雄鸟头黑色，背、肩灰褐色，腰和尾上覆羽浅灰色，两翅和尾黑色，初级覆羽和外侧飞羽具白色端斑，颏和上喉黑色，其余下体灰褐色或黄色，腹和尾下覆羽白色，雌鸟头灰褐色，背灰黄褐色，腰和尾上覆羽近银灰色，尾羽灰褐色、端部多为黑褐色，头侧、喉银灰色，其余下体淡灰褐色，腹和两胁橙黄色，其余同雄鸟。栖息于低山和山脚平原地带的阔叶林、针阔叶混交林、次生林和人工林中，也出现于林缘疏林、河谷、果园、城市公园以及农田地边和庭院中的树上。株洲分布：城市公园、小区绿化带、市郊山林。种群数量较多，为株洲市常见鸟类。

雌鸟

📷 李 成

廖常乐

bái méi wú

白眉鹀

què xíng mù
雀形目
wú kē
鹀 科

· 三有保护

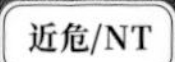

· Tristram's Bunting · *Emberiza tristrami*

白眉鹀属小型鸣禽，体长13cm~16cm，头部有显眼条纹，雄鸟黑白搭配，雌鸟脸颊褐色，眉纹淡黄。一般主食植物种子，非繁殖期常集群活动。株洲分布：市郊山地。种群数量极少，为株洲市罕见鸟类。

李 成

sān dào méi cǎo wú

三道眉草鹀

què xíng mù 雀形目

wú kē 鹀科

· Meadow Bunting · *Emberiza cioides*

三道眉草鹀属小型鸣禽，体长15cm~18cm，是一种棕色鹀，具醒目的黑白色头部图纹和栗色的胸带，以及白色的眉纹。繁殖期雄鸟脸部有别致的褐色及黑白色图纹，胸栗，腰棕。三道眉草鹀的冬春季以野生草种为食，夏季以昆虫为主。喜欢在开阔的环境中活动，见于丘陵地带和半山区稀疏阔叶林地，山麓平原或山沟的灌丛和草丛中以及远离村庄的树丛和农田。株洲分布：市郊山林、九郎山森林公园。种群数量较少，为株洲市偶见鸟类。

廖常乐

lì ěr wú

栗耳鹀

què xíng mù
雀形目
wú kē
鹀科

· 三有保护

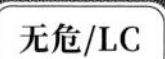

· Chestnut - eared Bunting · *Emberiza fucata*

栗耳鹀属小型鸣禽，体长14cm~18cm，体型和其他鹀类相似，主要识别特征是眼后及耳部有块栗褐色的斑块，由此得名。主要以昆虫和昆虫幼虫为食，此外也吃谷粒、草籽和灌木果实等植物性食物。株洲分布：市郊荒地。种群数量较少，为株洲市偶见鸟类。

李 成

xiǎo wú

小鹀

què xíng mù
雀形目
wú kē
鹀科

· Little Bunting · *Emberiza pusilla*

小鹀属小型鸣禽，体长11cm~14cm，鹀类，颊部栗色，眼圈淡黄色，繁殖期有明显的黑色侧冠纹和深栗色头顶。主食植物种子，也食昆虫，非繁殖期常集群活动，繁殖期在地面或灌丛内筑碗状巢。株洲分布：神龙湖、市郊荒地。种群数量较少，为株洲市偶见鸟类。株洲分布：市郊荒地、湿地。种群数量较少，为株洲市偶见鸟类。

📷李 成

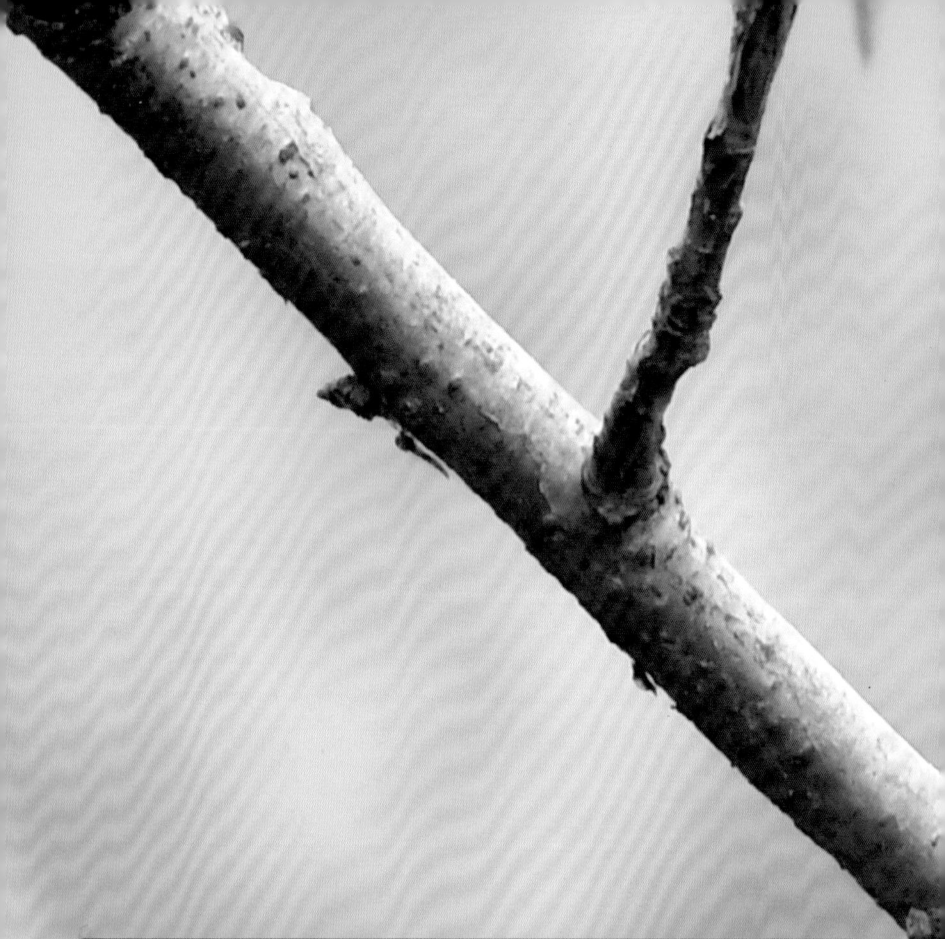

huī tóu wú

灰头鹀

què xíng mù
雀形目
wú kē
鹀科

· 三有保护

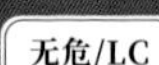

· Black - faced Bunting · *Emberiza spodocephala*

灰头鹀属小型鸣禽，体长13cm~16cm，形态与小鹀相似，主要识别特征是头部灰色。常常结成小群活动，一般主食植物种子。株洲分布：市郊荒地。种群数量较少，为株洲市偶见鸟类。

李　成

哺乳类

Mammals

dōng běi cì wèi

东北刺猬 | 劳亚食虫目 猬科

láo yà shí chóng mù / wèi kē

• 三有保护
• 湖南省级保护

• *Erinaceus amurensis*

东北刺猬体型肥满，全身布刺，常单独傍晚活动，行动迟缓，遇危险时常将身体蜷曲成团，形成刺球状，一动也不动，有冬眠习性，以昆虫及其幼虫为食。株洲分布：市郊山林、菜地、荒地。种群数量极少，为株洲市罕见哺乳类。

周佳俊

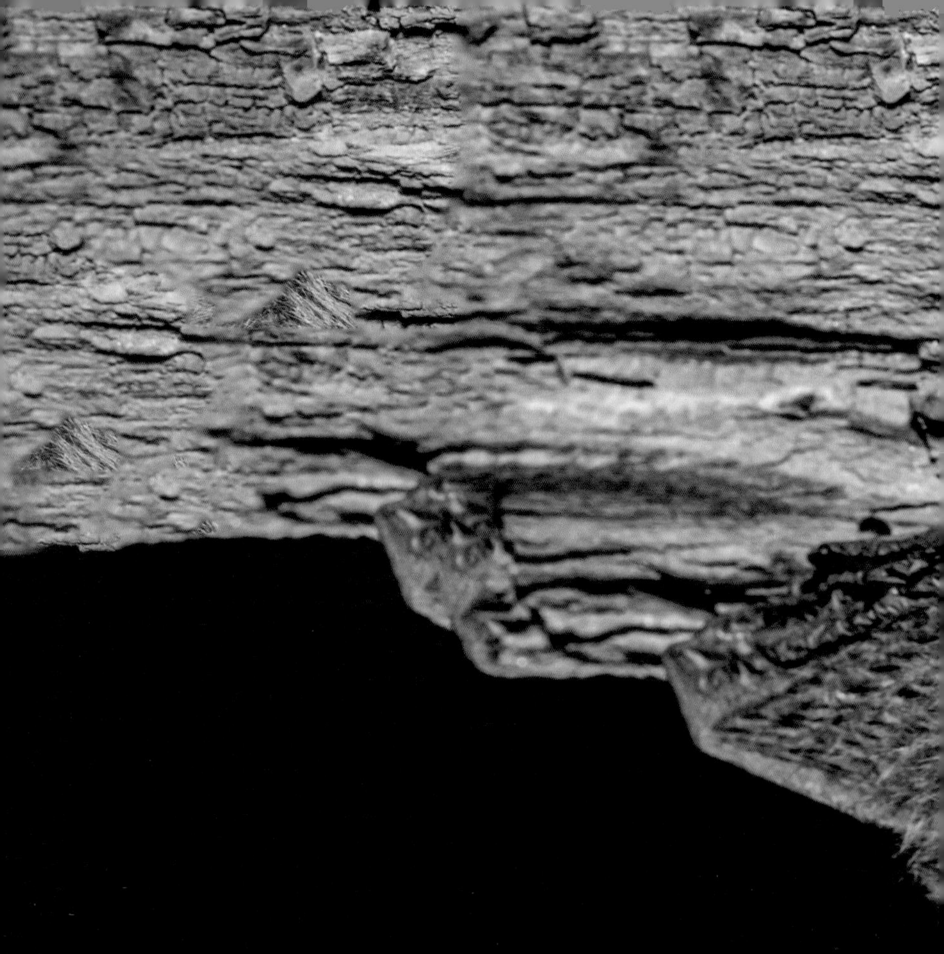

dōng yà fú yì

东亚伏翼

yì shǒu mù 翼手目

biān fú kē 蝙蝠科

• 湖南省级保护 无危/LC

• *Pipistrellus abramus*

东亚伏翼是一种小型蝙蝠，它们最喜爱栖息于建筑物的天花板及屋檐之内，夜间活动，主要捕食蚊及飞蛾等昆虫为主。株洲分布：城市小区、市郊村镇。种群数量较多，为株洲市常见哺乳类。

📷 周佳俊

dà jú tóu fú
大菊头蝠

yì shǒu mù
翼手目

jú tóu fú kē
菊头蝠科

近危/NT

• *Rhinolophus luctus*

大菊头蝠是一种大型蝙蝠，身体被毛细长而软，略卷曲呈绒毛状，毛色棕褐色，毛尖略带灰白色，大菊头蝠虽然为广布种，但其经常是独居或成对生活，数量稀少，以昆虫为食。株洲分布：市郊岩洞、防空洞中。种群数量极少，为株洲市罕见哺乳类。

廖常乐

zhōng huá jú tóu fú

中华菊头蝠

yì shǒu mù
翼手目
jú tóu fú kē
菊头蝠科

无危/LC

• *Rhinolophus sinicus*

中华菊头蝠是一种中型蝙蝠，体型4~5cm，面部有结构比较复杂的马蹄形鼻叶，由此得名。停息时以后足倒钩，呈倒悬姿势。喜群居，不畏光，捕食蚊、鳞翅目昆虫，有冬眠习性。株洲分布：市郊岩洞、防空洞中。种群数量较多，为株洲市常见哺乳类。

📷 廖常乐

huáng yòu
黄鼬 | shí ròu mù 食肉目 yòu kē 鼬科

· *Mustela sibirica*

- 三有保护
- 湖南省级保护

无危/LC

黄鼬又被叫作“黄鼠狼”，是种非常灵活狡猾的动物，身体细长，周身皮毛棕黄色。与很多鼬科动物一样，它们体内具有臭腺，在遇到威胁时，可以排出臭气，逃避天敌。黄鼬常常夜间活动，食性很杂，主要以小型哺乳动物为食。株洲分布：村镇、院落、市郊山林。种群数量较少，为株洲市偶见哺乳类。

📷刘 昂

· *Melogale moschata*

- 三有保护
- 湖南省级保护

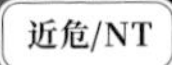

鼬獾毛色为棕黑深色，脸部有白色纹路，与果子狸主要区别是脸部中间白色纹路断开了，而果子狸是一条连续的白色纹路，鼬獾属夜行性动物，穴居，行动较迟钝，杂食性动物。株洲分布：市郊山林、农田、灌丛、荒地。种群数量极少，为株洲市罕见哺乳类。

周佳俊

华南兔（huá nán tù）

兔形目（tù xíng mù）
兔科（tù kē）

· *Lepus sinensis*

- 三有保护
- 湖南省级保护

无危/LC

华南兔属于耳朵较短的一种兔子，昼夜均有活动，但白天多隐藏于灌丛和杂草丛中，系纯草食性动物。株洲分布：市郊山林、农田、荒地、灌丛中。种群数量较少，为株洲市偶见哺乳类。

周佳俊

chì fù sōng shǔ

赤腹松鼠

niè chǐ mù
啮齿目
sōng shǔ kē
松鼠科

• 三有保护
• 湖南省级保护

无危/LC

• *Callosciurus erythraeus*

赤腹松鼠体型细长，腹部赤红色，由此得名，多栖居在树上，杂食性，以植物种子、果实为主，也食昆虫、鸟卵等。株洲分布：市郊山林。种群数量较少，为株洲市偶见哺乳类。

周佳俊

yǐn wén huā sōng shǔ
隐纹花松鼠

niè chǐ mù
啮齿目
sōng shǔ kē
松鼠科

- 三有保护
- 湖南省级保护

无危/LC

· *Tamiops swinhoei*

隐纹花松鼠属于小型松鼠，背部有黑色、棕色、浅黄色的纵条纹，行动敏捷，杂食性。株洲分布：市郊山林、大京水库。种群数量较少，为株洲市偶见哺乳类。

📷 廖常乐

huáng xiōng shǔ

黄胸鼠

niè chǐ mù
啮齿目
shǔ kē
鼠科

无危/LC

• *Rattus tanezumi*

黄胸鼠行动敏捷，攀缘能力强。其多在夜晚活动，以黄昏和清晨最活跃，杂食性。株洲分布：城市小区、市郊村镇。种群数量较多，为株洲市常见哺乳类。

周佳俊

褐家鼠（hè jiā shǔ）

啮齿目（niè chǐ mù） 鼠科（shǔ kē）

无危/LC

· *Rattus norvegicus*

褐家鼠为中型鼠类，体粗壮，尾较短，活动能力强，善攀爬、弹跳、游泳及潜水，夜间活动，杂食性。株洲分布：城市小区、市郊村镇、农田、灌丛、荒地。种群数量较多，为株洲市常见哺乳类。

李 成

野猪（yě zhū）| 偶蹄目（ǒu tí mù）猪科（zhū kē）

· *Sus scrofa*

- 三有保护
- 湖南省级保护

无危/LC

野猪是一种中型哺乳动物，它们有厚厚的双层毛皮，整体毛色呈深褐色或黑色，顶层由较硬的刚毛组成，底层下面有一层柔软的细毛。野猪是夜行性动物，通常在清晨和傍晚最活跃，杂食性，但以植物为主。株洲分布：市郊山林。种群数量较少，为株洲市偶见哺乳类。

廖常乐

小麂

xiǎo jǐ

偶蹄目（ǒu tí mù）

鹿科（lù kē）

· *Muntiacus reevesi*

中国特有种

· 三有保护

· 湖南省级保护

近危/NT

小麂是麂类中体型最小的一种，颈背中央有一条黑线。雄者具角，但角叉短小，成年的雄兽上犬齿相当发达，形成獠牙。夜间活动，性很怯懦，且孤僻，单独生活，取食多种灌木、树木和草本植物的枝叶、嫩叶、幼芽，也吃花和果实。株洲分布：市郊林分较好的山林。种群数量极少，为株洲市罕见哺乳类。

📷李 成

索引
Index

参考文献

[1]邓光美.中国鸟类分类与分布名录(第三版)[M].北京:科学出版社,2017.

[2]邓学建,王斌,钟福生.湖南动物志(鸟纲 雀形目)[M].长沙:湖南科学技术出版社,2014.

[3]国家林业和草原局,农业农村部公告(2021年第3号)(国家重点保护野生动物名录)[EB/OL].[2021-02-05].http://www.forestry.gov.cn/main/5461/20210205/122418860831352.html.

[4]江建平,谢锋.中国生物多样性红色名录 脊椎动物第四卷 两栖动物(上下册)[M].北京:科学出版社,2021.

[5]蒋志刚.中国生物多样性红色名录 脊椎动物第一卷 哺乳动物(上中下册)[M].北京:科学出版社,2021.

[6]蒋志刚,江建平,王跃招,等.中国脊椎动物红色名录[J].生物多样性,2016,24(5):500-551.

[7]蒋志刚,等.中国哺乳动物多样性及地理分布[M].北京:科学出版社,2015.

[8]李鸿,廖伏初,杨鑫,等.湖南鱼类系统检索及手绘图鉴[M].北京:科学出版社,2020.

[9]沈猷慧,等.湖南动物志(两栖纲)[M].长沙:湖南科学技术出版社,2014.

[10]沈猷慧,叶贻云,邓学建.湖南动物志(爬行纲)[M].长沙:湖南科学技术出版社,2014.

[11]伍远安,李鸿,廖伏初,等.湖南鱼类志[M].北京:科学出版社,2021.

[12]王跃招.中国生物多样性红色名录 脊椎动物第三卷 爬行动物(上下册)[M].北京:科学出版社,2021.

[13]王剀,任金龙,陈宏满,等.中国两栖、爬行动物更新名录[J].生物多样性,2020,28(2):189-218.

[14]张春光,赵亚辉,等.中国内陆鱼类物种与分布[M].北京:科学出版社,2016.

[15]张雁云,邓光美.中国生物多样性红色名录 脊椎动物第二卷 鸟类[M].北京:科学出版社,2021.

[16]张鹗,曹文宣.中国生物多样性红色名录 脊椎动物第五卷 淡水鱼类(上下册)[M].北京:科学出版社,2021.